ANLEITUNGEN FÜR DIE CHEMISCHE LABORATORIUMSPRAXIS

HERAUSGEGEBEN VON E. ZINTL

BAND III

CHEMISCHE ANALYSEN MIT DEM POLAROGRAPHEN

VON

DR. HANS HOHN

DUISBURGER KUPFERHÜTTE, ABT. FORSCHUNG

MIT 42 ABBILDUNGEN IM TEXT UND 3 TAFELN

BERLIN

VERLAG VON JULIUS SPRINGER

1937

ISBN-13:978-3-642-88875-5   e-ISBN-13:978-3-642-90730-2

DOI: 10.1007/978-3-642-90730-2

Vorwort.

Während auf den verschiedensten Gebieten die menschliche Arbeit typisiert und meist mit großem Vorteil durch die Automatik von Arbeitsmaschinen ersetzt werden konnte, scheint die Konstruktion von allgemein anwendbaren Analysenmaschinen unmöglich zu sein, da die üblichen chemischen Analysen infolge ihrer Vielgestaltigkeit und Kompliziertheit kaum mechanisiert werden können; nur in einigen wenigen Spezialfällen hat man durch geeignete physikalische Methoden die automatische Registrierung chemischer Analysengrößen erreichen können (z. B. die Aufzeichnung des CO_2-Gehaltes in Rauchgasen durch die Ranarex-Apparate). Das Bedürfnis nach einem Gerät zur selbsttätigen Analyse, sei es für die Serienbestimmungen des Wissenschaftlers oder für die Betriebsüberwachung in Industrielaboratorien, ist jedoch unverkennbar und findet auch in den Veröffentlichungen der Fachzeitschriften sowie im organsiatorischen Aufbau größerer Laboratorien seinen Ausdruck.

J. Heyrovsky und seiner Schule kommt das außerordentliche Verdienst zu, die Aufzeichnung elektrolytischer Stromspannungskurven, deren Eignung zu analytischen Aussagen an und für sich schon lange bekannt war, in einem umfassenden System zur polarographischen Methode ausgebaut zu haben. Als der Polarograph, das Gerät zur Registrierung derartiger Stromspannungskurven, in weiteren Kreisen bekannt wurde, richtete sich die Aufmerksamkeit der Analytiker zunächst auf folgende Punkte:

die in sehr vielen Fällen mögliche Einsparung chemischer Trennungen bei gleichzeitiger quantitativer Bestimmung mehrerer Probebestandteile;

die Gleichzeitigkeit von qualitativer und quantitativer Aussage;

die Beschränkbarkeit auf kleinste Analysenansätze (Mikroanalyse) und Konzentrationen (Spurenanalyse);

die ungewöhnlich kurze Zeit, in der das Analysenresultat erhalten wird und

die im Prinzip sehr allgemeine Anwendbarkeit.

Erst seit kurzem verbreitet sich auch die Erkenntnis, daß durch
die Polarographie alle Möglichkeiten für eine objektive maschi-
nelle Analytik gegeben sind. Dies bedeutet jedoch nicht, daß ein
mit Polarographen ausgestattetes Laboratorium auf die Mitarbeit
geschulter Chemiker dauernd verzichten könnte. Wohl ist die Arbeitsweise mit dem Polarographen selbst immer die gleiche und
beschränkt sich auf einige wenige Handgriffe, die von jeder unge-
lernten Kraft ohne weiteres ausgeführt werden können. Das Gerät
analysiert jedoch ausschließlich Lösungen, welche nach bestimmten, von Fall zu Fall verschiedenen Gesichtspunkten zusammengesetzt sind; eine Kupferbestimmung in Stahl wird beispielsweise
ganz anders ausgeführt, als eine Kupferbestimmung in Messing.
Die Vorschrift, in welcher Weise eine Probe zur Analyse vorbereitet
werden soll, muß nach fachmännischen Grundsätzen gegeben werden; diese sind aber, infolge der Neuheit der Methode, in weiten
Kreisen unbekannt. Schon die Art, in der die Probe gelöst wird,
ist den polarographischen Forderungen anzupassen; meist müssen
aber auch bestimmte Zusätze, wie Alkalisalze, Kolloide oder komplexbildende Anionen in der Lösung enthalten sein, um den elektrolytischen Vorgang in geeigneter Weise zu beeinflussen. Die jeweilige Analysenvorschrift besteht also nicht nur in der Angabe, wie
die Probe gelöst werden soll, sondern hat auch das Rezept für eine
weitere Lösung zu geben, welche alle polarographisch notwendigen
Zusätze enthält. Diese Lösung wird Grundlösung genannt und mit
der Probe in bestimmtem Verhältnis vermischt, um schließlich den
richtigen Lösungstyp zu liefern. In der Auswahl der geeignetsten
Grundlösung zeigt sich die Erfahrung des geübten Polarogra-
phikers.

Leider enthält die an sich zahlreiche polarographische Literatur
keine Arbeit, nach welcher die rasche Erlernung der Methode und
die Aneignung ihrer wesentlichen Grundsätze möglich wäre; im
Bestreben, diese Lücke auszufüllen, ist die vorliegende Schrift entstanden. Sie nimmt zunächst ausführlichen Bezug auf die richtige
Aufstellung und Bedienung des Polarographen, welche die ersten
Voraussetzungen für eine gute Ausnützung des Gerätes sind. Weiter
wird die chemische und elektrochemische Technik der Polarographie grundsätzlich dargestellt. Naturgemäß müssen die Schwierigkeiten, welche hier wie bei jeder anderen Methode auftreten
können, mit besonderer Ausführlichkeit behandelt werden; man
möge daraus nicht den Eindruck gewinnen, daß die neue Methode

ungewöhnlich kompliziert und schwer zu erlernen sei. Die Theorie wird auf das notwendigste beschränkt und nur oberflächlich durchgeführt, entsprechend den vorwiegend praktischen Zielen, welche der Polarographie gestellt sind. Der Leser, welcher sich nur für das Wesen der neuen Methode interessiert, möge die Kapitel B, C und E überschlagen, da diese hauptsächlich zu den Kreisen sprechen wollen, die bereits praktisch mit dem Polarographen arbeiten.

Der Verfasser ist sich wohl bewußt, daß Umfang und Erfahrungsreichtum dieser Schrift nicht ausreichen, um den einzelnen Analytikern auf ihren Spezialgebieten die Belastung mit gelegentlicher Entwicklungsarbeit zu ersparen; er hofft jedoch, durch die anspruchslose Darstellung der wesentlichen Grundlinien und gewisser methodischer Feinheiten die Fachkollegen anregen und so die Praxis der Polarographie unterstützen zu können.

Duisburg, im Januar 1937.

H. HOHN.

Inhaltsverzeichnis.

Inhaltsverzeichnis.

VII

A. Prinzip.

1. Die elektrochemischen Grundlagen der polarographischen Analyse.

a) Reduktionsanalyse. Jedem Chemiker ist es wohlbekannt, daß sich verschiedene chemische Substanzen verschieden leicht reduzieren lassen; so steigt z. B. die Reduzierbarkeit der sauerstoffhaltigen Chlorsäuren mit sinkendem Sauerstoffgehalt von der Perchlorsäure bis zur unterchlorigen Säure; Metallionen sind um so leichter reduzierbar, je edler das betreffende Metall ist. Es ist weiterhin bekannt, daß eine gegen einen Elektrolyten negativ geladene Elektrode, eine Kathode, reduzierend wirkt, und zwar um so stärker, je negativer ihr Potential gegen die sie umgebende Lösung ist.

Eine Kathode darf also als Reduktionsmittel aufgefaßt werden, dessen Reduktionskraft willkürlich eingestellt werden kann, je nachdem, welche Spannung man der Elektrode erteilt.

Taucht man eine Elektrode in die Lösung mehrerer verschieden leicht reduzierbarer Elektrolyte und gibt man ihr allmählich ein immer negativeres Potential, so wird das am leichtesten reduzierbare Kation als erstes zur Reaktion gelangen; bei höheren Spannungen werden in abgestufter Reihenfolge die anderen Kationen folgen. Jede elektrochemische Reaktion ist von einem Ladungsübergang zwischen Elektrode und Elektrolyt begleitet; also muß sich die erste Reduktion durch das Einsetzen eines Stromflusses anzeigen und jede weitere Reduktion durch eine Vergrößerung der Stromstärke.

Das Kathodenpotential, bei welchem die jeweilige Reduktion einsetzt, ist eine ganz bestimmte Konstante des reduzierbaren Stoffes und infolgedessen als sog. *Reduktionspotential* für ihn charakteristisch: die *qualitative polarographische Analyse* besteht im wesentlichen in der Bestimmung der Reduktionspotentiale der in der Lösung vorhandenen reduzierbaren Bestandteile. Allerdings ist das Reduktionspotential eines Ions oder Moleküls nicht nur durch seine *eigene* chemische Natur bedingt, sondern auch durch

<table>
<tr><td>

1. Forderung: Ständige Erneuerung der Kathodenoberfläche.

</td><td>

die chemische Natur der Elektrode. Je größer die chemische Verwandtschaft von Reduktionsprodukt und Elektrodenmaterial

</td></tr>
</table>

ist, um so leichter wird die Reduktion eintreten können und um so niedriger wird das Reduktionspotential liegen. Beispielsweise benötigt man viel mehr Energie, um das Wasserstoffion an Quecksilber zu entladen, als für seine Entladung an Platin, in welchem Wasserstoff löslich ist (*Überspannung* des Wasserstoffs); die Alkalien, welche Amalgame bilden, lassen sich dagegen an Quecksilber viel leichter reduzieren als an Platinoberflächen. Starre Kathoden eignen sich darum nicht für die Bestimmung von definierten Reduktionspotentialen, weil sich ihre Oberflächen mit dem Reduktionsprodukt bedecken, die ursprüngliche chemische Natur der Elektrode so verloren geht und ein reproduzierbares Reduktionspotential nicht auftreten kann. Man muß vielmehr eine Kathode verwenden, deren Oberfläche sich ständig erneuert und darum chemisch definiert ist; der Polarographiker arbeitet zu diesem Zweck mit strömendem Quecksilber.

Während der lediglich in metallischen Leitern fließende Strom nach dem Ohmschen Gesetz mit der Spannung linear und unbegrenzt ansteigt, wird der durch die Phasengrenze Elektrolyt-Elektrode passierende Elektrolysenstrom mit steigender Spannung bald spannungsunabhängig und konstant. Diese für die Polarographie wesentliche Erscheinung, welche mitunter den Nichtfachmann paradox anmutet, ist dennoch leicht verständlich, wenn man sich die Elektrodenreaktion als heterogene Reaktion vergegenwärtigt. Als Beispiel sei die Reduktion eines *Moleküls*, etwa von gelöstem Sauerstoff, betrachtet. Das Potential der Kathode möge einen Wert erreicht haben, bei welchem jedes Sauerstoffmolekül bei seinem Auftreffen auf die Kathodenoberfläche sofort abreagiert; dann muß die Konzentration in nächster Nähe der Kathode sehr viel kleiner sein als sie in der übrigen Lösung ist, es entsteht in bezug auf die reduzierbare Substanz eine Art Vakuum, in welches die Moleküle auf Grund ihrer Wärmebewegung ständig einströmen müssen. Der Antransport an den Reaktionsort wird also durch Diffusion vermittelt, und der fließende elektrische Strom ist genau so groß, als es diesem *Diffusionsstrom (177)* entspricht. Bei sonst gleichen Bedingungen (Temperatur, innere Reibung der Lösung) ist dieser Antransport um so größer, je mehr Moleküle vorhanden sind; er ist der Konzentration genau proportional und wird durch eine Erhöhung des Kathodenpotentials nicht verändert. Er ist ein Maß für die Konzentration des reduzierbaren Stoffes, in diesem

Fall für die Sauerstoffkonzentration, seine Messung bedeutet eine *quantitative polarographische Analyse.*

Handelt es sich um die Reduktion eines *Ions*, etwa Zn^{++}, so ist zunächst noch zu berücksichtigen, daß außer der rein osmotischen Diffusion auch das elektrische Feld die Stromstärke beeinflußt, da die Ionen durch die Anziehung der entgegengesetzt geladenen Elektrode eine Überführung in Richtung der Diffusion erfahren. Setzt man jedoch zur Lösung einen großen

> **2. Forderung: Ausschaltung der Überführung.**

Überschuß anderer Ionen hinzu, welche so schwer reduzierbar sind, daß sie bei der verwendeten Spannung nicht reduziert werden, so wird die Stromstärke nicht größer werden, die Überführung aber sehr viel mehr Ionen erfassen können; der auf die *reduzierbaren* Ionen fallende Feldeinfluß wird so klein, daß er gegenüber der Diffusion zu vernachlässigen ist. Man kann also auch bei Ionenreduktionen konzentrationsproportionale und spannungsunabhängige Diffusionsströme erhalten, wenn man nur für einen Überschuß an Fremdionen Sorge trägt (*41*).

Während die Kathode Reduktionen bewirkt, treten an der entgegengesetzt geladenen Anode äquivalente Oxydationen auf, und es ist zu erwarten, daß im fließenden Strom die kathodischen und anodischen Effekte gegenseitig überlagert sind und sich darum verwischen. Macht man aber die Oberfläche

> **3. Forderung: Ausschaltung des Anodeneinflusses.**

der Kathode sehr klein gegen die Anodenoberfläche, so steuert, ähnlich wie in der Hydrodynamik die Stelle des kleinsten Strömungsquerschnitts, ausschließlich die kleine Kathodenfläche den fließenden Strom; der Anode stehen dagegen so viele Anionen zur Verfügung, daß hier eine Ionenverarmung und damit eine Strombegrenzung durch Diffusion nicht zustande kommen kann.

Da aus qualitativen Gründen die Elektrode aus strömendem Quecksilber bestehen soll und da sie außerdem eine sehr kleine Oberfläche haben muß, verwendet man in der polarographischen Analyse kleine, aus einer sehr engen Kapillare austretenden Quecksilbertröpfchen als Kathode (*Quecksilbertropfelektrode*) und der Einfachheit halber eine am Boden des Elektrolysengefäßes ruhende große Quecksilberschicht als Anode. Die Analysenprobe, vermischt mit überschüssigem, schwer reduzierbarem Fremdsalz, bildet den Elektrolyten; führt man eine Bestimmung in der Weise aus, daß man die an dieses Elektrolysensystem gelegte Spannung langsam von Null ab erhöht und dabei den fließenden Strom in seiner Abhängigkeit von der Spannung mißt, so kann man sich eine Stromspannungskurve herstellen und hat damit eine polarimetrische[1] Bestimmung ausgeführt. Die Kurve wird im allgemeinen Treppengestalt haben (Abb. 1); die einzelnen Reduktionen zeigen sich bei den entsprechenden Reduktionspotentialen qualitativ als Stromanstieg an, welche in konstante, zur Spannungskoordinate parallele Diffusionsströme umbiegen und darum zur quantitativen Bestimmung ausgemessen werden können.

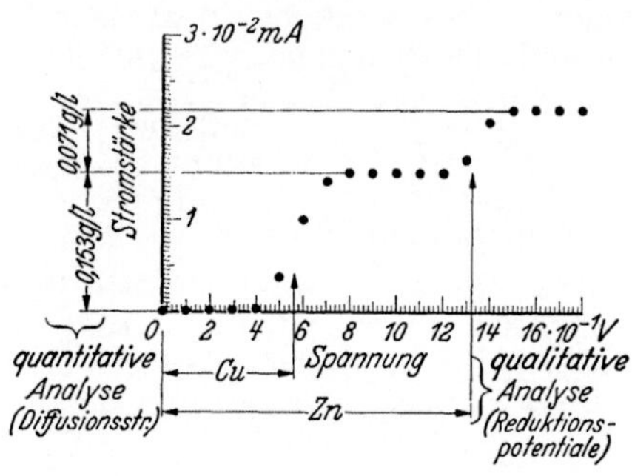

Abb. 1. Die Stromspannungskurve als analytischer Test.

Prinzipiell müssen sich alle Substanzen für die polarographische Reduktionsanalyse eignen, welche an Quecksilberelektroden reduzierbar sind, also zunächst alle Metallkationen, viele Anionen, organische Substanzen und gelöste Gasmoleküle; praktisch gelten aber einige Einschränkungen. Die Tabelle 1 gibt eine Übersicht über die bisher untersuchten Fälle und auch über solche Substanzen, welche prinzipiell nicht bestimmbar sind oder bisher nicht bestimmt werden konnten.

Eine weitere Anwendung der Polarographie ergibt sich dann, wenn man die Tropfelektrode als Anode und das Bodenquecksilber als Kathode schaltet: man erhält dann Stromstufen von *Anionen*, sofern diese mit Quecksilber unlösliche oder komplexe Salze liefern (*167*). Dann muß nämlich, ganz ähnlich den Verhältnissen an der Tropfkathode, durch die Salz- bzw. Komplexbildung eine Ionenverarmung und damit eine strombegrenzende Diffusion zur kleineren Elektrode eintreten und die Ausbildung einer Stufenkurve erfolgen. Die bisher auf diese Weise bestimmten Anionen sind in der Tabelle 1 angeführt; es scheint, daß dieses Gebiet der Polarographie noch verhältnismäßig vernachlässigt ist.

b) Adsorptionsanalyse. In zahlreichen Fällen, besonders in sehr verdünnten Lösungen stark deformierbarer Ionen oder Moleküle, wird die reine Treppenform der Stromspannungskurve zunächst nicht erhalten; die Stromanstiege erfolgen nicht mehr kontinuierlich bis zu ihren Endwerten, den Diffusionsströmen, sondern durchlaufen ein Maximum, um dann rasch wieder abzufallen und beim

---

[1] Elektroden mit künstlich aufgezwungener Spannung bezeichnet man als polarisiert; von diesem Begriff entlehnt die Methode ihren Namen.

Tabelle 1.
Anwendungsbereich der polarographischen Reduktionsanalyse
(vgl. auch die Literaturzusammenstellung dieser Schrift).

	Metalle	Metalloide	Gase	Organische Substanzen
Bestimmbar:	Au (69); Cu, Bi, Pb, Cd (60); As, Sb, Sn (46, 49); Al, Fe, Cr, Mn, Zn, Ni, Co (48, 61); Ca, Sr, Ba, Ra (44, 64); Li, K, Na, Rb, Cs (65, 72); Ga, In, Tl, Re (51, 62, 70); Ti, V, Nb, Mo, W, U (52, 62);	Cl, Br, J; Cl′, B′, J′ (167); $BrO_3′$, $JO_3′$ (82); $SO_4′$; $SO_3″$, $S_2O_3″$ (167); $S″$, $S_x″$; OH′, CN′, CNS′ (167); $SeO_3″$, $TeO_3″$ (83);	SO_2, NO; O_2 (84, 85, 86);	$RCH = CH$ $— CH =$ CHR; RCH $= CH$ $· COOH(93)$; RCH_2NO_2; RCH_2NH_2 (118); $CHO·R$; RCOR; $RCH = NH$; $RS—SR$; Ketosen(108); Alkaloide (119);
Nicht bzw. noch nicht bestimmbar:	Ag, Hg; Mg; Ta, Zr, Th; seltene Erden	Si, C, P, S; SiO_2, GeO_2; $ClO_3′$, $ClO_4′$;	N_2, CO, CO_2; Edelgase	Aldosen; einfache Doppelbindungen; einfache Fettsäuren.

Wert des Diffusionsstroms konstant zu bleiben. Die Stromspannungskurve erhält so eine breite Zacke aufgesetzt (Abb. 2), deren

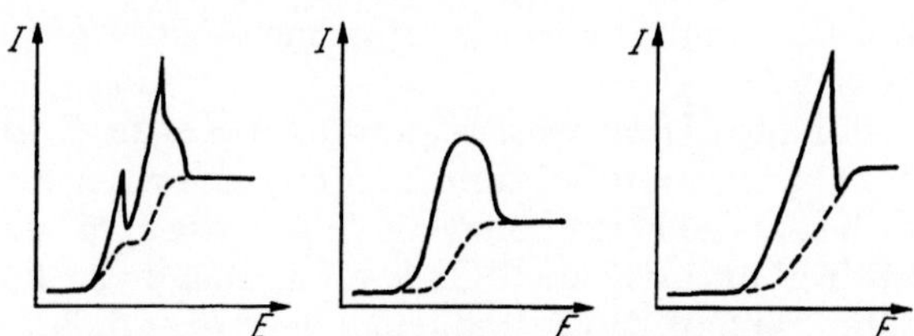

Abb. 2. Verschiedene Arten polarographischer Strommaxima.
Stromspannungskurve { ———— bei Wirksamkeit von Adsorptionskräften
{ - - - - - nach Ausschaltung der Adsorptionskräfte.

Höhe ein Vielfaches der Stufenhöhe betragen kann. Dieser interessante Effekt würde die Reduktionsanalyse häufig in Frage stellen;

4. Forderung: Ausschaltung der Adsorptionskräfte.

seine Erforschung hat jedoch die Mittel gezeigt, mit welchen man polarographische Strommaxima völlig unterdrücken kann. Wesentlich für die *Ausbildung* eines Maximums ist, daß der reduziert werdende Stoff gleichzeitig an der Quecksilberkathode auch adsorbiert wird (*20, 23*). Man kann sich vorstellen, daß durch die Adsorptionskräfte des Quecksilbers das Herandiffundieren der reduzierbaren Substanz irgendwie unterstützt wird und darum mehr Moleküle an der Elektrode für die Reduktion zur Verfügung stehen, als es beim Nichtvorhandensein solcher Kräfte der Fall wäre; dementsprechend muß auch der fließende Strom übernormal groß sein. Mit steigender Spannung werden die Adsorptionskräfte allmählich unwirksam und der Strom sinkt auf den Wert des reinen Diffusionsstroms herab (HEYROVSKY). Nach einer anderen Auffassung ist ein Zittern der Quecksilberoberfläche innerhalb bestimmter Spannungsbereiche, wie es auch mit freiem Auge beobachtet werden kann, die Ursache der Maxima; die Lösung wird in nächster Umgebung der Elektrode gleichsam durchgerührt und die auf S. 2 erwähnte Substanzverarmung dadurch aufgehoben. Nach dem Aufhören des Zittereffektes stellt sich der normale Diffusionsstrom wieder ein [FRUMKIN (*181*), SEIDEL]. Jedenfalls hat sich gezeigt, daß alle Substanzen, welche die Adsorptionskräfte des Quecksilbers absättigen, ohne gleichzeitig selbst reduziert zu werden, auch die Maxima verkleinern, und zwar um so stärker, je größer ihre Adsorptionsfähigkeit ist.

Für die *Gestalt* des Maximums ist die Tropfgeschwindigkeit der Kapillare maßgebend; an *rasch* tropfenden Kapillaren beobachtet man stumpfe Maxima mit allmählichem Stromabfall, an *langsam* tropfenden dagegen spitze Formen. Bei bestimmten Elektrolytkonzentrationen und Tropfgeschwindigkeiten tritt ein aus der spitzen und der runden Form zusammengesetztes Zwillingsmaximum auf (*22, 27*).

Die *Größe* eines Maximums steigt mit der Konzentration der betreffenden reduzierbaren Substanz und mit sinkender Fremdionenkonzentration, da die Fremdionen die Adsorptionskräfte des Quecksilbers zum Teil absättigen. Will man ein möglichst hohes Maximum erhalten, so darf die Fremdionenkonzentration auch nicht zu klein gehalten sein, da bei sehr geringer Leitfähigkeit die Maximahöhe wieder abnimmt; das Optimum liegt durchschnittlich bei 10^{-4} Ohm^{-1}, was größenordnungsmäßig der $^n/_{1000}$ Lösung eines starken Elektrolyten entspricht. Um mehr als das Tausendfache wird die Adsorbierbarkeit der Ionen aber durch die grenzflächenaktiver Substanzen, wie Netzmittel, Seifen, Farben und anderer Kolloide übertroffen und dementsprechend beeinflussen schon außerordentlich kleine Mengen dieser Stoffe die Strommaxima der polarographischen Kurven. Die Messung dieser Beeinflussung ist Gegenstand der *Adsorptionsanalyse*: einerseits ist die Maximaunterdrückung der Adsorptionskraft (*178*) des Fremdstoffes proportional und gestattet infolgedessen ihre zahlenmäßige Festlegung (*153*); andererseits läßt sich auch die Menge des adsorbierbaren Fremdstoffes bestimmen, wobei zu beachten ist, daß entsprechend den Gesetzen der Adsorption die Verkleinerung des Maximums nicht konzentrationsproportional, sondern mit steigender Konzentration immer langsamer erfolgt. Enthält die Lösung grenzflächenaktive Substanzen in genügender Menge, so tritt überhaupt kein Maximum auf und die Stromspannungskurve besitzt die erwünschte Stufengestalt.

Bei der Untersuchung von Maxima, welche innerhalb verschiedener Spannungsbereiche auftreten, zeigt sich das Vorhandensein von zwei Gruppen, welche durch das Potential des elektrokapillaren Nullpunkts (größte Grenzflächenspannung des Kathodenquecksilbers) geschieden sind: die bei positiveren Potentialen auftretende Maxima (z. B. von Cu, Tl, O_2) werden durch negativ geladene Kolloide und größere Anionenkonzentrationen beeinflußt, die Maxima in negativeren Spannungsbereichen (Ni, Mn, Ca) durch positive Kolloide und große Kationenkonzentrationen. Also kann durch Adsorptionsanalyse der Ladungssinn eines Kolloids entschieden werden (*150*).

Die offenbar vorhandene starke Abhängigkeit der Maximahöhe vom p_H der Lösung ist bisher nicht beachtet, geschweige denn systematisch untersucht worden.

c) Katalysierte Analyse. Manche Lösungen zeigen in ihren Polarogrammen auch Stromstufen, welche sich einerseits meist schon durch ihre übernormale Höhe von den gewöhnlichen Reduktionswellen unterscheiden, andererseits aber auch dadurch, daß für ihr Zustandekommen die Anwesenheit *zweier* Molekülarten nötig ist, von welchem die eine reduziert wird, die andere aber durch ihr Vorhandensein die Reduktion katalytisch überhaupt erst möglich macht. Die katalytische Wirksamkeit kann entweder im Zustand des Elektrolyten oder im Zustand der Elektrode ihre Ursache haben; im allgemeinen sind Katalysen sehr selten, doch werden außer den bisher bekannten (Tabelle 2) sicherlich noch weitere Fälle gefunden werden.

Es ist bemerkenswert, daß die Höhe derartiger katalysierter Wellen ebenso konzentrationsproportional ist, wie die Wellenhöhen einfacher Reduktionen, aber nicht nur von der Konzentration des

Tabelle 2.

Derzeitiges Anwendungsbereich der katalysierten Analyse.

Reduzierte Substanz	Katalysator	Geeignet für die Bestimmung von
H^+	Pt, Pd, Ru, Rh, Ir, Os	Pt, Pd, Ru, Rh, Ir, Os (34)
ReO_4^-	H_2S, CH_3COOH	ReO_4^- (70)
NO_2^-, NO_3^-	höherwertige Kationen	NO_2^-, NO_3^- (79)
H^+ und Eiweißschwefel(?)	Co^{++}, $Co(NH_3)_6^{---}$	Eiweißschwefel (133)
H^+ und Eiweißschwefel(?)	NH_4^+	Eiweißschwefel (127)
H^+	Chininalkaloide	Chininalkaloide (119)

reduzierten Stoffes, sondern auch von der des Katalysators abhängt. Für eine quantitative Bestimmung muß infolgedessen eine dieser Konzentrationen konstant gehalten werden; die Analyse kann sowohl dem Katalysator wie den reduzierbaren Stoff erfassen.

Der Mechanismus der einzelnen Elektrodenkatalysen ist nur zum Teil bekannt; für die Wellen, welche durch Spuren von Platinmetallen in sauren Lösungen hervorgerufen werden (*38*), muß eine Erniedrigung der Wasserstoffüberspannung an der nicht mehr ganz reinen Kathodenoberfläche angenommen werden, so daß es sich hier um kleine, noch vor der eigentlichen Wasserstoffabscheidung auftretende Wasserstoffwellen handelt; ob die katalytischen Eiweißwellen (*133*) ebenfalls durch Wasserstoffabscheidung hervorgerufen sind, kann nicht mit Sicherheit behauptet werden. Besonders wichtig ist die katalytische Anionenreduktion, welche durch die Anwesenheit mehrwertiger Kationen ermöglicht wird. Die Dissoziation höherwertiger Salze ist nie ganz vollständig, so daß positiv geladene Ionen in der Probelösung vorhanden sind, welche noch ein oder zwei Anionen gebunden halten, die sie an die Kathode und damit zum Reaktionsort bringen (*78*, *79*).

Zum genaueren Studium der Theorie polarographischer Analysen sei auf die Fachliteratur verwiesen.

2. Das Prinzip der polarographischen Apparatur.

Eine wirklich brauchbare, also genau reproduzierbare und vor allem rasch und ohne spezielles experimentelles Geschick durchführbare Aufnahme einer Stromspannungskurve kann nur durch einen weitgehend automatisch arbeitenden Apparat erhalten werden. Dieser Gesichtspunkt hat zur Konstruktion des ersten Polarographen durch HEYROVSKY und SHIKATA geführt. Das Prinzip der Apparatur mußte sein: an ein Elektrolysengefäß mit großer Anode und kleiner Tropfkathode wird eine automatisch wachsende Spannung gelegt und der fließende Strom ebenfalls automatisch in seiner Abhängigkeit von der Spannung aufgezeichnet; die Lösung dieser Aufgabe ist auf verhältnismäßig einfachem Wege möglich gewesen und findet sich auch in der nachstehend beschriebenen Konstruktion[1] wieder.

An eine KOHLRAUSCHsche Potentiometerwalze W (siehe Abb. 3 und das Planschema am Schluß dieser Schrift) wird die Spannung eines Akkumulators von 2 oder 4 Volt angelegt; ein geeichter Präzisionswiderstandsdraht ist in 20 Windungen auf dieser Walze auf-

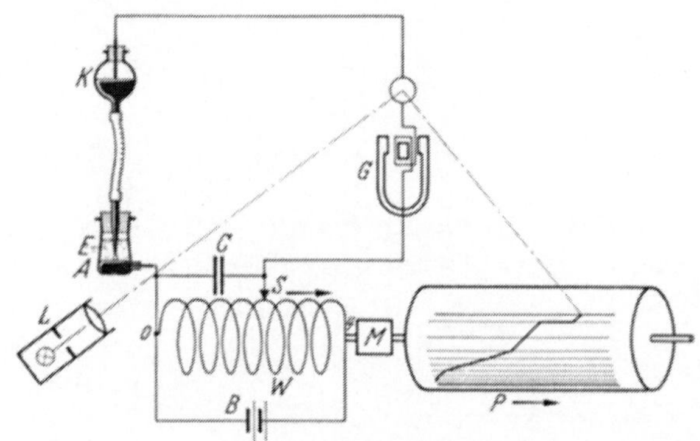

Abb. 3. Registrieren des Verlaufs einer Elektrolyse mit der tropfenden Quecksilberkathode.

A Quecksilberanode, überschichtet mit	S Gleitkontakt
E der zu analysierenden Lösung	M Motor
K tropfende Quecksilberkathode	P Polarogramm
B Spannungsquelle (Akku)	G Drehspul-Spiegelgalvanometer
W Widerstandsdraht des Potentiometers	L Lichtquelle
	C Kondensator

gezogen. Das positive Ende wird an die Anode A des Analysengefäßes angeschlossen. Ein Kontakträdchen S ist über ein stromanzeigendes hochempfindliches Galvanometer G mit der Tropfkathode K verbunden und greift Spannung von der Potentiometerwalze ab. Die Walze wird durch einen gleichmäßig laufenden Motor M in langsame Umdrehung versetzt; so gelangt das auf den Draht aufgesetzte Rädchen stetig vom Beginn der ersten bis an das Ende der zwanzigsten Windung, und die an das Elektrolysengefäß gelegte Spannung steigert sich dementsprechend von 0 bis 2 bzw. 4 Volt. Die Empfindlichkeit des Galvanometers kann durch einen

---

[1] Hersteller: E. Leybolds Nachfolger A.-G., Köln-Bayenthal, Bonner Str. 500; Berlin NW 7, Schiffbauerdamm 19.

Empfindlichkeitsregler R (Nebenwiderstand in Ayrtonschaltung) stufenweise in den Grenzen 1 bis $^1/_{10000}$ variiert werden, so daß Lösungen der verschiedensten Konzentration analysiert werden können.

Die durch das Galvanometer angezeigte Stromstärke wird photographisch in ihrer Abhängigkeit von der Spannung registriert. Das Licht einer mit Spalt und Linsensystem versehenen Lampe L_2 fällt

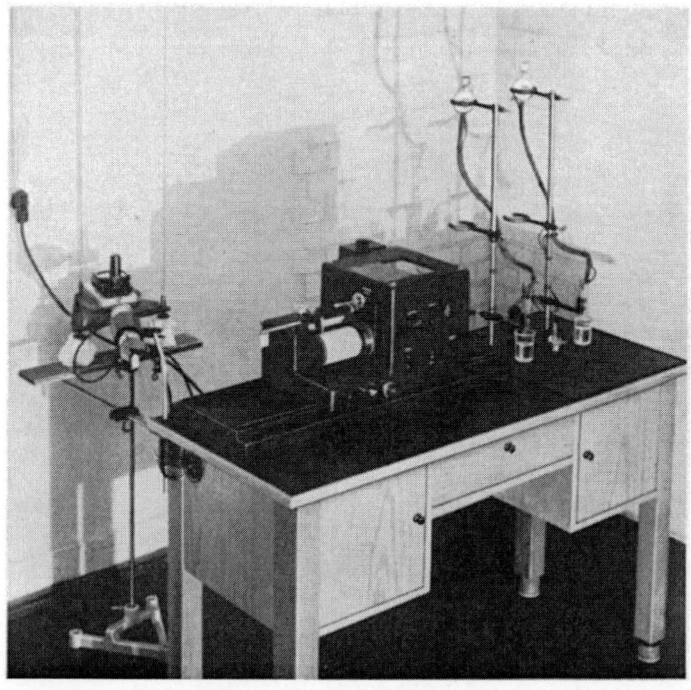

Abb. 4. Polarographische Apparatur.

auf den Spiegel des Galvanometers und von dort auf die mit lichtempfindlichem Papier P bespannte Photowalze D. Bei Stromfluß wird der Lichtstrahl durch die Drehung des Galvanometerspiegels in der Richtung der Photowalzenachse proportional der Stromstärke abgelenkt; er wandert um so weiter nach rechts, je größer der fließende Strom ist, also ist die Richtung des wandernden Lichtstrahls die Richtung der Stromkoordinate. Senkrecht dazu liegt die Richtung, in der sich das photographische Papier mit der Photowalze mitbewegt; diese ist ebenso wie das Potentiometerrad mit dem Motor gekuppelt, und zwar so, daß sie sich zwanzigmal langsamer dreht. Also entspricht eine Umdrehung dem ganzen Ablauf des Potentiometerdrahtes und darum einer Spannungssteigerung von 0 Volt bis zur vollen Spannung des Akkumulators; die Spannungskoordinate liegt in der Drehrichtung der Photowalze und der Wert der jeweiligen Elektrolysenspannung entspricht dem Weg, den ein Punkt am Walzenumfang seit Beginn der Aufnahme zurückgelegt hat. Er kann auf dem photographischen Papier als Abstand vom Kurvenbeginn gemessen werden. Durch einen Kontakt 5, der jedesmal nach einer Umdrehung der Potentiometerwalze ausgelöst wird, zeichnet eine kleine Abszissenlampe L_2 auf den Umfang der Photowalze D parallel zu ihrer Drehachse in gleichen Abständen zwanzig Strichmarken photographisch auf, die jedesmal einem Anwachsen der Spannung um 100 bzw. 200 Millivolt entsprechen und so die Teilung der Spannungskoordinate liefern. Man erhält automatisch eine qualitativ und quantitativ auswertbare Strcmspannungskurve aufgezeichnet, ähnlich der, welche sich durch Verbindung der Meßpunkte in Abb. 1 auf viel umständlichere Weise ergeben würde.

B. Aufbau und Schaltung.

1. Die polarographische Ausrüstung.

a) Der Apparat Der Polarograph enthält in einem allseits abgekapselten Metallgehäuse alle Teile der polarographischen Apparatur störungssicher eingebaut, mit Ausnahme des Galvanometers, der Galvanometerbeleuchtung und des Elektrolysensystems. Durch Abschrauben des Deckels wird die Potentiometerwalze mit ihren Zuführungskontakten und dem Abgreifrädchen freigelegt, ebenso der Widerstandssatz des Empfindlichkeitsumschalters und die später zu behandelnde automatische Abschaltung. Vom Boden her sind Motor und Getriebe, sowie die Abszissenlampe zugänglich.

An der Vorderwand des Gehäuses sind die Bedienungsschalter angebracht, an der Rückwand die Buchsen und Klemmen für die Stromzuführungen. Das Gehäuse läuft auf zwei an einem Grundbrett montierten Schienen, da die seitliche Verschiebbarkeit des Polarographen für die Einstellung der Kurvenanfänge nötig ist.

Die Photowalze sitzt auf einer links aus dem Gehäuse ragenden freitragenden Achse; sie ist lichtdicht abgeschlossen, nur ein feiner Belichtungsschlitz parallel zur Drehachse gestattet den Eintritt des registrierenden Lichtstrahls. Vor dem Schlitz des Walzenmantels befindet sich noch der „Verdunklungskasten" U, der auf der Vorder- und Rückwand je einen engen Längsspalt besitzt; diese

Blenden lassen wohl den vom Galvanometer kommenden gerichteten Lichtstrahl zur Photowalze passieren, filtern aber das diffuse Streulicht zum größten Teil aus, so daß die Kurvenaufnahmen bei vollem Tageslicht vorgenommen werden können. Allerdings soll der Polarograph in einer möglichst dunklen Zimmerecke aufgestellt werden; sind die Wände des betreffenden Arbeitsraumes weiß getüncht, so sollen sie in der Höhe und Umgebung der Apparatur mit schwarzem Papier ausgeschlagen werden, um die Reflexion des Tageslichtes in die Photowalze zu vermeiden. Über dem Verdunklungskasten, in der Bahn des vom Galvanometerspiegel reflektierten Lichtstrahls, ist eine mit Skala versehene Mattscheibe montiert, auf welcher die Stromanzeigen des Galvanometers abgelesen werden können. Von großer Bedeutung ist die Aufstellung des Polarographen auf einer besonders stabilen Unterlage, da andernfalls die Kurven durch die kleinen Stöße und Erschütterungen des Fußbodens gestört werden würden, welche in bewohnten Gebäuden unvermeidbar sind und durch eine labile Unterlage wesentlich verstärkt werden können.

Die einzelnen Einrichtungen des Polarographen werden in Abschnitt C eingehend erläutert werden.

b) Galvanometer und Galvanometerlampe. Die Entfernung des Galvanometerspiegels vom Belichtungsspalt der Registriertrommel soll etwa 80 cm betragen. Diese Distanz ist an sich willkürlich, doch muß die einmal gewählte Entfernung späterhin bei allen quantitativen Bestimmungen stets genau beibehalten werden, weil die Größe der Ausschläge, d. h. der Stromstufen im Polarogramm, selbstverständlich eine Funktion dieser Distanz ist. Das Galvanometer besitzt in dieser Entfernung eine Empfindlichkeit von etwa $3,10^{-9}$ Ampere für 1 mm Ausschlag. Der Galvanometerspiegel muß sich in derselben Höhe wie der Belichtungsspalt der Trommel befinden, da sonst der Lichtstrahl nicht durch die beiden Schlitze des Verdunklungskastens passieren kann und auf dem photographischen Papier keine Kurven geschrieben werden, obwohl man den Analysenverlauf auf der Mattscheibe verfolgen kann. Das Galvanometer reagiert infolge seiner hohen Stromempfindlichkeit auch auf kleinste mechanische Stöße; das leichte Zittern des Fußbodens und der Wände, welches in allen Fabrikgebäuden und Stadthäusern feststellbar ist, muß vom Galvanometer ferngehalten werden. Für seine erschütterungsfreie Aufstellung bestehen folgende Möglichkeiten:

1. Verwendung eines MÜLLERschen Tisches mit Stabaufhängung und Öldämpfung (*179*); diese Art genügt den strengsten Anforderungen, ist aber verhältnismäßig kostspielig.

2. Eine einfache und sehr billige, aber doch in fast allen Fällen ausreichende Aufstellung ist in Abb. 5 dargestellt. An einem in die Decke eingegipsten Mauerhaken *1* hängt der Dreifußhalter *2*; von diesem laufen drei dünne Stahldrähte zum Dreifuß *3*, welcher durch die Stellschrauben *4* genau waagerecht eingestellt werden kann. Er trägt das in der Höhe verstellbare Tischchen *5*, auf welchem das Galvanometer seinen Platz findet. Die Drähte sind so dünn gewählt, daß sie verhältnismäßig nahe am Zerreißen sind, da so die Schwingungsneigung des Systems sehr klein wird. Ein durch Stativ *6* gehaltenes Brettchen *7* trägt zwei lockere Wattebäusche, welche die vorderen Schrauben des Fußes *3* eben berühren und Schwingungen des Aufhängesystems rasch abdämpfen.

3. Ist das Gebäude, in welchem der Polarograph aufgestellt werden soll, stark fundamentiert und an einem ruhigen, erschütterungsarmen Ort gelegen, so wird die Aufstellung des Galvanometers auf einer kleinen, an der Wand befestigten Holzkonsole genügen. Aber auch in diesem Falle soll, wenn möglich, als Aufstellungsort der Keller oder das Erdgeschoß gewählt werden.

Die Ausschläge des Galvanometers sind nur dann streng stromproportional, wenn das Instrument genau waagerecht steht (Libelle einregulieren) und der Spiegel mittels einer Torsionsschraube am Galvanometerkopf etwa parallel zum Deckgläschen gestellt wird. Das Galvanometer soll sich dem Verdunklungskasten genau gegenüber befinden; es ist nicht nötig, daß der Spiegel eine parallele Lage zu den Längsseiten des Polarographen einnimmt.

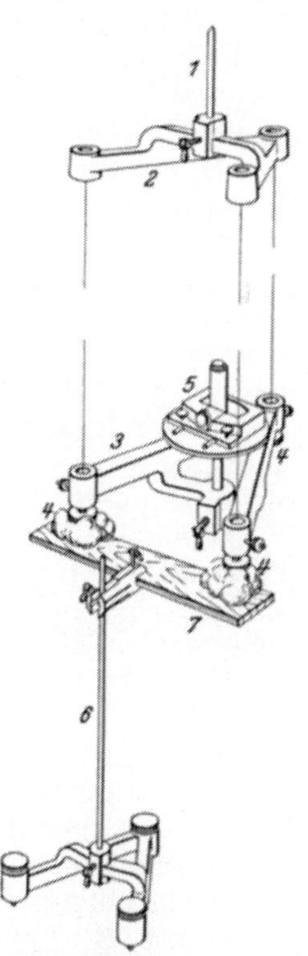

Abb. 5.
Einfache Galvanometeraufhängung, zusammengestellt aus Stativmaterial.
1 Mauerhaken, *2* Stativfuß, *3* Stativfuß, *4* Stellschrauben, *5* Tischchen, *6* Haltestativ, *7* Brettchen für die Dämpfungswatte.

Der Anschluß des Galvanometers an dem Polarographen erfolgt, um jede Stoßübertragung zu vermeiden, unter Zwischenschaltung zweier ganz dünner, etwa 20 cm langer Drähte, welche die Galvanometerklemmen mit dem Zuleitungskabel des Polarographen verbinden; dieses wird am besten fest am Stativ *6* angebunden, damit durch Verschieben des Polarographen auf seinen Schienen die Galvanometeraufhängung nicht beeinflußt wird.

Irgendwelche Manipulationen am Galvanometer dürfen nur dann ausgeführt werden, wenn der Spiegel zuvor arretiert worden ist.

Eine kleine Lampe, mit Spaltaufsatz und Linsentubus ausgestattet, erzeugt den feinen Lichtstrahl, der vom Galvanometerspiegel auf die Photowalze reflektiert werden soll. Auch diese Lampe muß vor Erschütterungen geschützt werden, damit der registrierende Lichtstrahl nicht durch mechanische Stöße verzerrte Kurven zeichnet. Ein schweres kurzes Stativ, zwischen dem Polarographen und dem Galvanometer aufgestellt, trägt das zylindrische Lampengehäuse. Die Lampenfassung ist abnehmbar. Die mit 6 Volt und 4,35 Ampere betriebene Birne muß genau konzentrisch in dieser Fassung sitzen; drei seitlich herausragende Stellschrauben ermöglichen die Einstellung. Auf der Lampenfassung ist eine Deckelkappe aufgesetzt; sie ist vorn durch zwei aufgeschraubte Plättchen abgeschlossen, zwischen denen der zur Ausbündelung des registrierenden Lichtstrahls bestimmte Spalt liegt. Nach dem Lösen der vier Halteschräubchen können die Plättchen und damit die Spaltbreite nach Bedarf verstellt werden. Ein im Lampengehäuse verschiebbarer Linsentubus gibt dem Strahl die nötige Schärfe, allerdings nur bei gut zentrierter Birne; andernfalls erhält man durch spektrale Zerlegung in der nicht völlig achromatisierten Linse eine Färbung des Lichtstrahls in den Regenbogenfarben, welche die Scharfeinstellung unmöglich macht.

Die Lampenfassung samt Spaltaufsatz wird von der Rückseite her in das Lampengehäuse eingeschoben, der Linsentubus von der Vorderseite aus aufgesetzt. Die Lampe soll in derselben Höhe vom Erdboden aufgestellt sein, wie sie der Galvanometerspiegel und die Schlitze des Verdunklungskastens haben. Der Lichtstrahl wird auf den Galvanometerspiegel gerichtet und durch Drehen des ganzen Galvanometers auf die Mattscheibe des Polarographen gelenkt. Die Abbildung des Lampenspaltes muß größer sein als der Spalt selbst, damit der Lichtstrahl nicht nur den Belichtungsschlitz der Photowalze, sondern auch die Mattscheibe trifft; also muß die Galvanometerlampe näher beim Galvanometer sein als der Polarograph, etwa in einem Abstand von 30—40 cm. Der Lichtstrahl soll sich auf der Mattscheibe als senkrechter Strich abbilden, dies erreicht man durch entsprechendes Verdrehen des Lampenteiles im Gehäuse. Schließlich stellt man, wie erwähnt, durch Verschieben des Linsentubus im Gehäuse auf größte Schärfe ein; der Lichtstrich soll nicht breiter als 0,5 mm sein.

c) Die Elektrolysiergefäße. Wenn irgend angängig, wird man die polarographische Analyse offen an der Luft durchführen, also in kleinen Bechergläsern von etwa 50 cm³ Inhalt, auf Uhrgläsern u. dgl. (*169;* Abb. 7 a, b, c). Am Boden eines solchen Becherglases befindet sich als Anode Quecksilber in 3—5 mm hoher Schicht; die Tropfkathode besteht aus einer Glaskapillare, welche durch Gummischlauch mit einem Quecksilbervorratsgefäß verbunden ist. Durch die Wand dieses Gefäßes ist ein Platindraht durchgeschmolzen, welcher den elektrischen Anschluß des Kathodenquecksilbers an den Polarographen vermittelt. Ebenfalls durch einen Platinkontakt, welcher im Boden eines quecksilbergefüllten Glasröhrchens eingeschmolzen ist, wird das Anodenquecksilber angeschlossen. Anodenzuführung und Tropfkapillare sind in einem hauptsächlich für Serienanalysen bestimmten Spezialstativ (Abb. 6) an einem Halteklötzchen montiert, welches in senkrechter Richtung längs zwei kleinen Führungsstangen verschoben werden kann. Sitzt das Klötzchen an seiner tiefsten Stelle, so taucht die Anodenzuführung in das Bodenquecksilber, die Tropfkapillare aber nur in den darüberstehenden Elektrolyten und die Elektrolyse kann durchgeführt werden. Ist die Aufnahme beendet, so wird das Klötzchen gehoben, Kapillare und Zuführung mit Filtrierpapier abgewischt, das nächste Becherglas untergeschoben und das Klötzchen wieder herabgedrückt. Auf diese Weise wird der

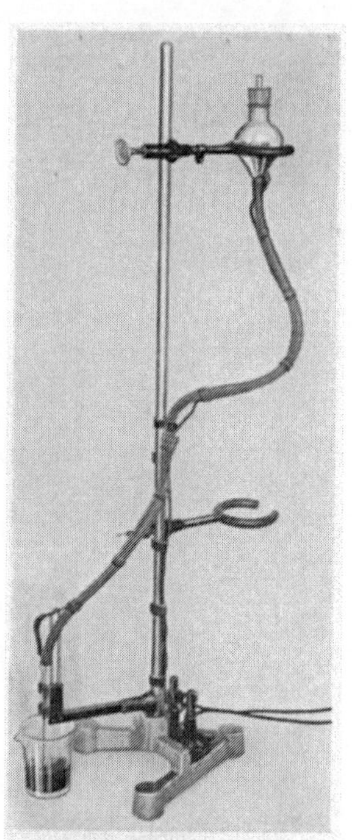

Abb. 6. Elektrolysenstativ.

richtige Anschluß der Elektroden rasch und automatisch erreicht.

Manchmal muß jedoch, wie später ausgeführt wird, die Analyse unter Luftabschluß in Wasserstoffatmosphäre vorgenommen werden. Für solche Fälle werden der polarographischen Ausrüstung kleine, in der Literatur beschriebene, für das Durchleiten von Gasen eingerichtete Kölbchen von verschiedener Größe beigegeben, wie sie in Abb. 7 zu sehen sind. Bei der einfachsten und kleinsten Ausführung *d* wird erst nach dem Gasdurchleiten ein Gummistopfen mit der Kapillare aufgesetzt, bei *e* kann die Kapillare sofort

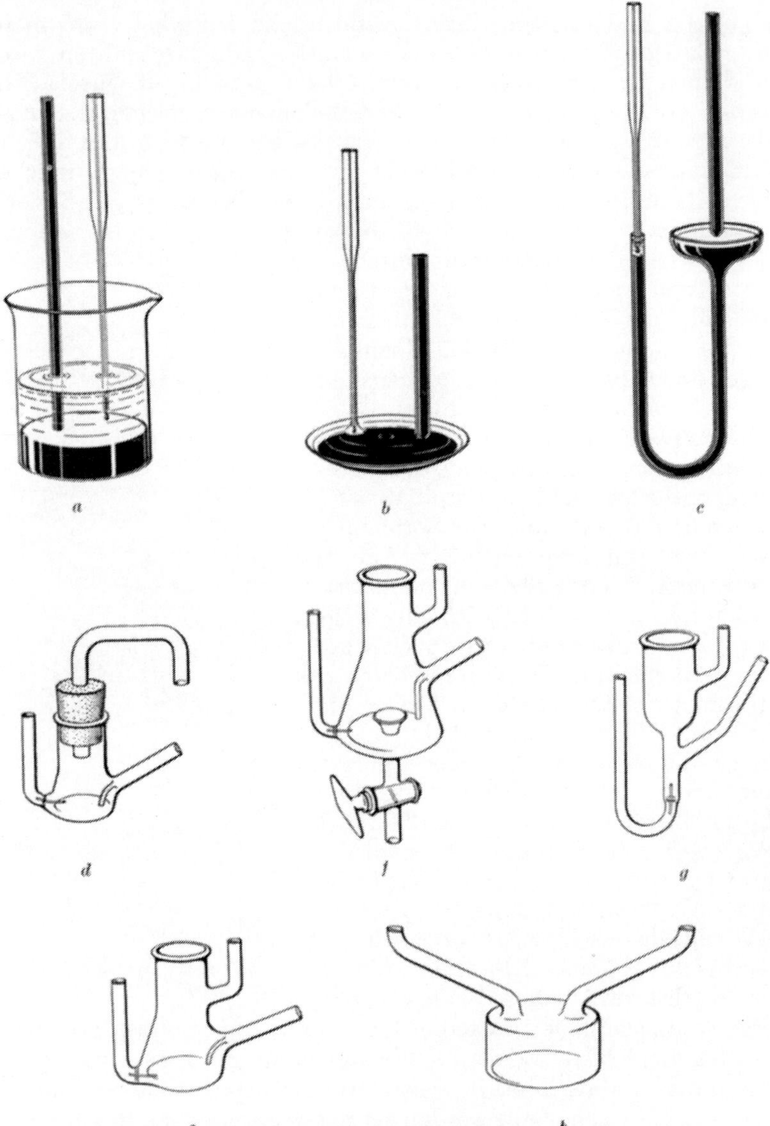

Abb. 7. Verschiedene Formen polarographischer Elektrolysengefäße.

Zur Elektrolyse bei Luftzutritt: *a* Bechergläschen, *b* Uhrglas für große Tropfen, *c* Röhrchen für kleinste Elektrolytmengen.

Zur Elektrolyse bei Luftabschluß: *d* und *e* Kölbchen in der meist üblichen Form, *f* Gefäß zur Bestimmung von Grenzflächenspannungen, *g* Gefäß für kleine Flüssigkeitsmengen, *h* Quecksilbervorratsgefäß.

eingesetzt werden, da ein Gasableitungsrohr eingeschmolzen ist,
f dient zu Untersuchungen, bei welchen die Bestimmung der Zwischenflächenspannung des Kathodenquecksilbers durch Feststel-
lung des Tropfengewichtes gewünscht wird (die herabfallenden
Tropfen werden gezählt, gesondert vom Anodenquecksilber auf-
gefangen, durch Öffnen des Hahns abgelassen
und dann gewogen), *g* dient zur Analyse sehr
kleiner Flüssigkeitsmengen bis herab zu
3 Tropfen (*5*).

Mitunter ist es aus chemischen Gründen
nicht günstig, wenn das Anodenquecksilber
schon lange vor der Analyse mit der Lösung
in Berührung kommt; in solchen Fällen und
auch dann, wenn das durchzuleitende Gas
nur niedrigen Druck hat, schaltet man das
Gefäßchen *h* mit Gummischläuchen zwischen
Elektrolysiergefäß und Gasquelle und füllt
das Anodenquecksilber erst nach dem Gasdurchleiten in das Elektrolysiergefäß ein.
Will man während der Analyse unter Luftabschluß Lösungen zum Analysenansatz zu-
fließen lassen, so wird eine Spezialbürette
(Abb. 8), welche einen seitlichen Rohransatz
zum Wasserstoffdurchleiten trägt, auf das
Elektrolysengefäß aufgesetzt; oben an der
Bürette wird mit Gummistopfen ein Vor-
ratsgefäß angeschlossen, welches ebenfalls
mit Wasserstoffgas durchspült werden kann.

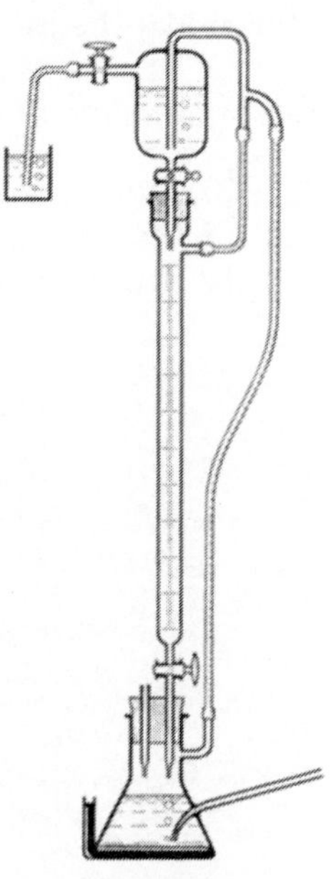

Abb. 8. Bürettenanordnung
zum Polarographieren
unter Luftabschluß.

d) Das Handschreibegerät. Die Aufzeichnung der polarographischen Kurve auf ge-
wöhnlichem Schreibpapier läßt sich unter Verwendung eines kleinen Zusatzgerätes, des Handschreibers, in bequemer Weise erreichen, allerdings nur unter Verzicht auf die völlige Selbst-
tätigkeit der photographischen Registrierung. Das Arbeiten mit
dem Handschreiber erweist sich aber bei der Ausarbeitung von
Analysenvorschriften und zur Gewinnung eines raschen Über-
blicks über die Analysentauglichkeit einer Lösung doch als sehr
vorteilhaft, da die Resultate infolge des Wegfalls aller photographischen Operationen sofort erhalten werden und genügende
Genauigkeit besitzen; andererseits wird man bei Serienanalysen
von der photographischen Registrierung nicht abgehen, da ihre
Automatik und verläßliche Objektivität einen besonderen Vorteil
der polarographischen Methode darstellen.

Das gesetzlich geschützte Handschreibegerät besteht aus einem Zahnstangentrieb, an welchem eine kleine Mattscheibe und gekoppelt mit ihr ein Schreibstift befestigt sind, die in Richtung der Stromausschläge verschoben werden können. Der Schreiber wird auf die Mattscheibe des Polarographen aufgesetzt und mit 2 Schrauben befestigt; das photographische Papier nimmt man aus der Photowalze heraus und ersetzt es durch eine Rolle aus gewöhnlichem, 10 cm breitem Papier; die Walze wird dann ohne Deckelkappe auf ihre Achse geschoben. Durch Niederschrauben einer Haltefeder setzt man die Bleistiftspitze mit Druck auf das Papier; die Mine soll sehr weich sein, damit sie deutlich schreibt. Man schraubt nun die kleine Mattscheibe so weit heraus, daß der Schreibstift auf dem Papier ganz links steht, verschiebt den Polarographen auf seinen Schienen nach rechts, bis der Lichtzeiger mit dem Markierungsstrich der kleinen Mattscheibe übereinstimmt und klemmt fest. Die Aufnahme erfolgt nach Einschalten des Motors in der Weise, daß man mittels des Stellrades des Handschreibers die Mattscheibe so mit dem Lichtzeiger mitführt, daß Licht-

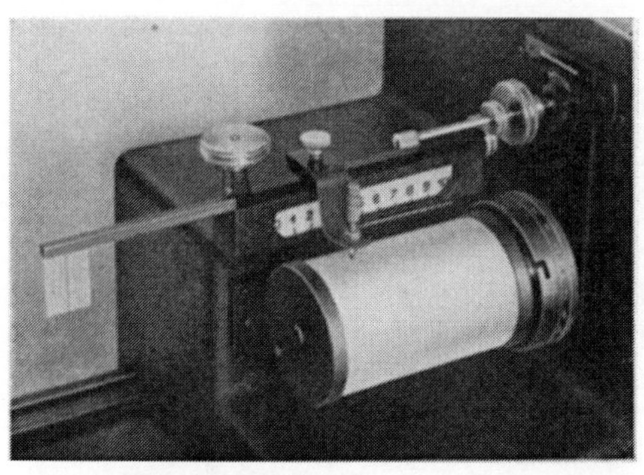

Abb. 9. Das Handschreibegerät.

und Markierungsstrich in Deckung bleiben; der Schreibstift führt also dieselbe Bewegung aus wie der Lichtzeiger und zeichnet so auf der bewegten Schreibunterlage die Stromspannungskurve. Um bei der Aufnahme nicht zu ermüden, stützt sich die bedienende rechte Hand auf das Polarographengehäuse. Treten größere Oszillationen auf, so hält man den Markierungsstrich in der Mitte der Lichtzeigerschwankung. Um einen festen Sitz des Schreibpapiers auf der Walze zu erreichen, wird nötigenfalls ein Stückchen Gummischlauch über die Sprungfeder gezogen [1].

e) **Das Gegenstromgerät.** Handelt es sich um die Registrierung kleinster Reduktionsströme von 10^{-6} bis 10^{-8} Ampere, wie sie bei Spurenanalysen häufig noch festgestellt werden müssen, so macht sich ein elektrostatisch bedingter Blindstrom im Galvanometer bemerkbar, welcher ungefähr linear mit der Elektrolysenspannung

---

[1] Vgl. dazu den Abschnitt C.

ansteigt; da sehr kleine Stromstufen im Polarogramm diesem Störstrom nur mehr überlagert sind, lassen sie sich nur ungenau aus-
messen und werden u. U. ganz zum Verschwinden gebracht; bei
größeren Stromstufen ist der Fremdstrom zu vernachlässigen.

ILKOVICH und SEMERANO (*161*) haben diesen Blindstrom damit
erklärt, daß der sich ständig erneuernden Oberfläche der Kathodentropfen immer wieder die elektrostatische Ladung nachgeliefert
werden muß, welche zur Aufrechterhaltung des Elektrodenpoten-
tials nötig ist. Sie nannten ihn Kondensatorstrom und wendeten zu
seiner Ausschaltung die bei galvanometrischen Messungen übliche
Methode an, einen gleich großen, entgegengesetzt gerichteten Strom
durch das Galvanometer zu schicken.

Unter Ausnützung der Widerstände des Empfindlichkeitsumschalters erhält man
einen geeigneten Kom-
pensationsstrom durch
Anschalten eines klei-
nen Widerstandsgerä-
tes an die Anoden-
klemme und die äußere
Galvanometerklemme
auf der Rückwand des
Polarographengehäu-
ses bei sonst unverän-
derter Schaltung. Die
Handhabung dieses ge-
setzlich geschützten
„Gegenstromgerätes“
ist sehr einfach; es be-

Abb. 10. Polarograph von rückwärts mit Strom-
anschlüssen; links der Empfindlichkeitsumschalter,
oben halbrechts das Gegenstromgerät.

sitzt einen einzigen Drehknopf, der so einzustellen ist, daß der
Lichtzeiger auch bei den höchsten Galvanometerempfindlichkeiten innerhalb des interessierenden Spannungsbereiches noch auf
der Mattscheibenskala bleibt. Bei voller Galvanometerempfindlichkeit ist das Gerät nicht anwendbar, die entsprechende Buchse
am Empfindlichkeitsumschalter kommt für rein polarographische
Messungen nicht in Frage, sondern nur für die Verwendung des
Galvanometers als Nullinstrument oder für irgendwelche Stromzeitkurven. Da der Gegenstrom linear mit der Spannung steigt,
der Störstrom aber bei kleinen Spannungen rascher als bei höheren, so ist eine völlige Kompensation nicht möglich. Die erhaltenen Kurven können in ihren waagrechten Teilen eine fallende
Tendenz zeigen, welche aber die Auswertung nicht stört. Wird bei
kleineren Galvanometerempfindlichkeiten aufgenommen, so braucht

das Gerät nicht abgenommen zu werden, doch muß man den Drehknopf auf Null stellen.

f) Der Polungswender. Wie später gezeigt wird, beginnt eine
polarographische Stromspannungskurve mitunter sofort mit einem
Stromanstieg, und es kann dann erwünscht sein, die Kurve bei
einem positiveren Potential zu beginnen, als es beim üblichen Arbeiten möglich ist; man erreicht dies dadurch, daß man die Tropfelektrode bei kleiner Elektrolysenspannung als Anode schaltet und
die Elektrodenspannung bei der Kurvenaufnahme immer negativer
werden läßt, so daß bei einer gewissen Elektrolysenspannung Tropfelektrode und Bodenquecksilber das gleiche Potential aufweisen
müssen und die Tropfelektrode bei weiterer Spannungssteigerung
wieder zur Kathode wird.

Diese Polungsumkehr während der Kurvenaufnahme wird dadurch erreicht, daß man parallel zur KOHLRAUSCH-Walze einen
etwa gleich großen Widerstand legt, von welchem das Anoden-
potential abgezapft wird; bei Beginn der Kurvenaufnahme liegt
dann das Kontakträdchen und damit die Tropfelektrode direkt
am Pluspol des Akkumulators, während die Anode ein negativeres
Potential erhält. Ist das Rädchen auf dem Widerstandsdraht so
weit gewandert, daß die am Zusatzwiderstand und an der KOHL-
RAUSCH-Walze abgegriffenen Ohmzahlen gleich geworden sind, so
hat man den Punkt im Polarogramm erreicht, mit welchem die
Kurve bei normaler Arbeitstechnik begonnen hätte.

Der nach diesem Prinzip gebaute Polungswender ist ein kleines
Kästchen, ähnlich dem Gegenstromgerät, welches an die Akkumu-
latorklemmen des Polarographen angeschlossen wird; die Anodenzuführung wird in eine der drei Buchsen des Polungswenders gelegt.
Anschaltung und Prinzip sind aus dem Planschema am Schluß
dieser Schrift zu ersehen.

Da die als Anode geschaltete Tropfelektrode Anionenwellen
liefert, ist es mit Hilfe des Polungswenders möglich, in manchen
Lösungen Anionen und Kationen durch die gleiche Kurve zu bestimmen (*167*).

g) Der Kompensator. Oft erscheint es wünschenswert, eine
oder mehrere Stromstufen im Polarogramm auf elektrischem Wege
zum Verschwinden zu bringen (vgl. S. 85); diesem Zwecke dient
ein weiteres Zusatzgerät, welches Ströme verschiedener Stärke,
aber entgegengesetzt dem Elektrolysenstrom, durch das Galvanometer zu leiten gestattet und Kompensator genannt wird. An eine
durch eine Taschenlampenbatterie gelieferte Spannung (E im Planschema) ist ein Potentiometer W_5 gelegt, von welchem ein zweites,
zur Feineinstellung dienendes Potentiometer W_6 abgezweigt ist;

das zweite Potentiometer ist in der Mitte abgezapft und mit dem einen Pol des Galvanometers verbunden, der zweite Pol liegt über einem Hochohm-Widerstand W_7 an der Schleiffeder der Feineinstellung.

Die Wirksamkeit des Kompensators beruht ausschließlich darauf, daß ein durch Galvanometer und Elektrolysensystem fließender Elektrolysenstrom durch einen nur durch das Galvanometer fließenden, entgegengesetzt gerichteten und gleich großen Kompensationsstrom aufgehoben wird; eine Beeinflussung der Elektrodenspannung ist nicht festzustellen. Der Kompensator wird bei sonst ungeänderter Schaltung an die beiden Galvanometerklemmen des Polarographen angeschlossen.

h) Der Polarographentisch. Da die stabile Aufstellung des Polarographen für die Erzielung einwandfreier Kurven eine Bedeutung hat, welche vom Nichtfachmann leicht unterschätzt wird, ist ein Spezialtisch für die polarographische Apparatur in den Handel gekommen (Abb. 4). Der Tisch ist für solche Laboratorien entwickelt worden, in welchen andere geeignete Aufstellungsmöglichkeiten fehlen. Zunächst ist sein verhältnismäßig großes Gewicht wesentlich; die Füße stehen auf Gummi, der rechte vordere Fuß kann in seiner Höhe verstellt werden, so daß der Tisch auch auf nicht ganz ebenen Böden sicher steht. Zwei große Anschlußkabel mit 4 bzw. 6 Adern verbinden die Klemmbuchsen des Polarographen mit den im Tisch verlegten Leitungen; die Kabel tragen eine Halteleiste und werden durch diese an die untere Rückwand des Polarographengehäuses so angeklemmt, daß der Apparat ungehindert auf den Schienen laufen kann. Die Polschuhe an den Enden der Kabeladern tragen entsprechende Zeichen für den Anschluß. Das Galvanometer wird ohne die auf S. 13 erwähnte Zwischenschaltung dünner Drähte angeschlossen, da das Verbindungskabel nicht mehr am verschiebbaren Polarographen selbst angeschlossen ist. Rechts vom Polarographen befindet sich der Arbeitsplatz; zwei Spezialstative für Serienanalysen sind auf einer mit Quecksilberrinne versehenen Schieferplatte montiert; mit Vorteil wird man an dem einen Stativ eine Kapillare mit einer Tropfzeit von etwa 3 Sekunden für Aufnahme bei höheren Spannungen und am anderen eine doppelt so rasch tropfende Kapillare anbringen. Vor den Stativen befindet sich ein Glasrohranschluß mit Hahn und Olive, welcher die Verbindung mit einem Wasserstoffentwicklungsapparat vermittelt, der im Abteil unterhalb des Arbeitsplatzes aufgestellt werden kann. Für den Akkumulator ist ein offenes Fach in der Hinterwand des Tisches vorgesehen.

2. Die elektrischen Verbindungen.

a) Anschluß des Polarographen an das Netz. Die Hauptstromzuführung stellt man durch ein Starkstromkabel her, welches die Spannung eines Gleich- oder Wechselstromnetzes, die 110 oder 220 Volt betragen kann, an die mit „Netzspannung" beschrifteten Buchsen in der Rückwand des Polarographengehäuses führt. (*I* im Planschema am Schluß dieser Schrift.) Durch den Schalter *1* „vor—aus—zurück" wird der Motor in Tätigkeit gesetzt. Der Antriebsmotor des LEYBOLDschen Polarographen wird meist für 220 Volt Wechselstrom geliefert, läßt sich aber auch auf andere Spannungen und Stromarten umschalten; die Verwendung von 220 Volt Wechselstrom ist aber am vorteilhaftesten. Die Umschaltung kann man leicht selbst vornehmen und schraubt zu diesem Zweck den Boden des Polarographengehäuses ab, wodurch die übersichtlich geführten Anschlüsse des Motors freigelegt werden. Am Motor selbst ist ein Schildchen mit der Anweisung angebracht, an welchem von den nummerierten Klemmen einer kleinen Klemmleiste die Umschaltung auf eine andere Stromart vorgenommen werden muß. Soll z. B. der Motor von 220 Volt Wechselspannung auf 110 Volt Wechselspannung umgeschaltet werden, so müssen auf der rechten (mittleren) Motorseite die beiden Stromzuführungen bei *2* und *5* gelöst und bei *3* und *4* wieder festgeschraubt werden. Die zweite, linke Klemmleiste wird nicht umgeklemmt. Der Gehäuseboden soll, um das Eindringen von Staub zu vermeiden, nicht unnötig lange abgenommen bleiben; die Schrauben sind wieder fest anzuziehen.

b) Galvanometer- und Abszissenlampe. Die Galvanometerlampe wird, wie erwähnt, mit 6 Volt Spannung betrieben. Steht Wechselstrom zur Verfügung, so wird sie ebenso wie der Motor vom Netz aus betrieben, unter Zwischenschaltung eines Transformators, der die Umspannung von 110 bzw. 220 auf 6 Volt besorgt. Auch dieser Transformator ist bei Lieferung auf 220 Volt Eingang geschaltet; will man auf 110 Volt umschalten, so ist der Schutzkasten vom Transformator abzuschrauben und das eine Drahtende des Zuführungskabels von der Klemme 220 auf die Klemme 110 umzulegen. Das Transformatorkabel stöpselt man bei *II* „Galvanometerbeleuchtung" an den Polarographen an, die Lampe schließt man an die Sekundärseite des Transformators. Durch Schalter *2* „Galvanometerbeleuchtung" wird dieser Stromkreis eingeschaltet. Steht Wechselstrom nicht zur Verfügung, so muß die Lampe direkt an eine Akkumulatorenbatterie von 6 Volt Spannung und ausreichender Kapazität (5 Amp. Entladestrom) angeschlossen werden. Die Anschaltung an das Gleichstromnetz unter Verwendung eines hochbelastbaren Vorschaltwiderstandes ist wegen des großen Energieverlustes nicht zu empfehlen. Die Abszissenlampe $L1$, welche auf dem photographischen Papier Spannungsmarken zu zeichnen hat, befindet sich im Verdunklungskasten und ist nach dem Abschrauben des Polarographenbodens zugänglich. Sie liegt an der vollen Netzspannung und wird, wenn der Schalter 3, „Abszissenbeleuchtung", eingeschaltet ist, automatisch durch eine Kontakttaste 5 zum Aufleuchten gebracht. Dieser Kontakt schaltet sich jedesmal beim Nullpunkt der Potentiometerwalze, also zu Beginn jeder Umdrehung, für einen Moment ein; die Lampe leuchtet, da der Widerstandsdraht der KOHLRAUSCH-Walze in 20 Windungen aufgespannt ist, also auch 20 mal auf, wenn das Kontakträdchen S die ganze Länge des Drahtes abläuft, und bildet den Belichtungsspalt der Photowalze ebensooft auf dem Polarogramm ab. Der Abstand dieser Markierungsstriche muß $1/_{20}$ der Walzenspannung betragen. Meist wird man die Abszissenbeleuchtung aber nur zum Markieren des Kurvenbeginns verwenden und gleich nach Beginn der Aufnahme wieder abschalten. Die Lampe muß ausgewechselt werden, wenn mit 110 Volt Betriebsspannung statt mit 220 Volt gearbeitet wird.

c) Die Meßspannung. Die an der Potentiometerwalze liegende Gleichspannung wird einem Akkumulator entnommen, der durch die mit $+$ und $-$ bezeichneten Buchsen am Polarographen angeschlossen wird. Man verwendet als Meßspannung meist 4 Volt, bei genauen Potentialbestimmungen auch 2 Volt und weniger; die Meßspannung wird durch einen Vorschaltwiderstand (Drehknopf „Spannungsregler" an der Stirnwand des Polarographen) genau eingestellt. Bei halber Spannung wird das Polarogramm auf die doppelte Länge auseinandergezogen.

Als Spannungsquelle wird am besten ein vierzelliger Nifesammler von mindestens 0,25 Ampere Entladestrom verwendet. Bleiakkumulatoren sind weniger geeignet, da infolge des Spannungsabfalles durch den Potentiometerdraht die am Polarographenvoltmeter ablesbare Spannung etwas geringer sein muß als die der unbelasteten Spannungsquelle selbst. Also kann man mit halbentladenen Bleiakkumulatoren nicht mehr genau 4 bzw. 2 Volt erzielen, während diese Spannungen mit einem Nifeakku auf alle Fälle leicht einzustellen sind.

Die Anschlußklemmen „Galvanometer" an der Rückwand des Polarographen werden mit den Klemmen des Spiegelgalvanometers G in der bereits beschriebenen Weise verbunden. Der Anschluß des kurzen Verbindungskabels des Empfindlichkeitsumschalters erfolgt in der Art, daß der eine Stecker in eine der mit den Empfindlichkeitsbrüchen bezeichneten Buchsen, der andere in die *unbezeich-nete* untere Buchse, nicht in die mit Null bezeichnete Buchse ge-steckt wird.

d) Herstellung und Anschluß der Kathode. Eine frische, reine Thermometerkapillare[1] aus Jenaer Glas, die übrigens nicht gewaschen sein darf, wird in der Gebläseflamme in der Mitte so erhitzt, daß sie im Fleisch doppelte Dicke erhält; es besteht keine Gefahr, daß der Kanal zuschmilzt. Dann wird kräftig, aber nicht dünner als 2 mm ausgezogen, damit die Kapillare nicht zu zer-brechlich wird. Schließlich wird das Stück durch Abschmelzen in zwei Teile geteilt und zugeschmolzen aufbewahrt. Eine solche Ka-pillare wird durch einen Vakuumschlauch mit dem gläsernen Ni-veaugefäß F, dessen Inhalt etwa 100 cm³ beträgt, verbunden. Während der Analyse soll der Abstand des Glasbehälters vom Ka-pillarenende 40—80 cm betragen; bei zu vergleichenden Analysen muß er genau konstant gehalten werden. Da Gummischläuche von der Fabrikation her stets verunreinigt sind (z. B. mit Talkum), für die Tropfelektrode aber die Verwendung von reinstem Queck-silber Voraussetzung ist, muß der verwendete Schlauch vor dem Zusammensetzen eine halbe Stunde lang mit Wasserdampf aus-geblasen und dann durch Aufhängen oder Durchsaugen von Luft vollständig getrocknet werden. Die an das Niveaugefäß und die Kapillare angeschlossenen Schlauchenden werden durch Drahtliga-turen gesichert.

Nun wird in kleinen Teilen, nach jedesmaligem Schütteln, um Luftblasen zu entfernen, in das Niveaugefäß chemisch reinstes Quecksilber eingefüllt und das sorgfältig angeritzte Kapillarenende abgebrochen. Luftblasen im Gummischlauch bedeuten natürlich, daß kein Strom fließen kann; das Einfüllen des Quecksilbers muß also mit Sorgfalt vorgenommen werden. Im Ruhezustand soll die Kapillare stets in ein mit destilliertem Wasser gefülltes Becher-gläschen tauchen; das Niveaugefäß darf nur soweit gesenkt wer-den, daß der Tropfenaustritt eben aufhört, keinesfalls darf Wasser in die Kapillare eingesaugt werden. Die Einhaltung der richtigen Tropfgeschwindigkeit ist wesentlich für die Erzielung einwand-freier Kurven; in Elektrolytlösungen soll alle 1,5—4 Sekunden ein Tröpfchen aus der Kapillare treten. In destilliertem Wasser und an der Luft ist die Grenzflächenspannung des Quecksilbers größer als in Ionenlösungen und darum ist auch die Tropfgeschwin-digkeit viel kleiner. Eine Kapillare mit einer Tropfgeschwindig-keit von einer Sekunde und weniger ist unbrauchbar; die Um-

---

[1] Lichter Durchmesser etwa 0,3 mm.

gebung der Tropfenoberfläche wird durch den Tropfenfall so stark durchgerührt, daß ungestörte Diffusionsströme nicht zustande kommen können; auch die Tropfengröße ist dann nicht ganz konstant. Zu langsamer Tropfenfall verursacht große Oszillationen in der polarographischen Stromspannungskurve.

Das Kapillarenende muß einen glatten Bruch zeigen. Spitzen und Grate dürfen auf der Bruchstelle nicht stehen bleiben. Ist der Tropfenfall zu langsam, so werden kleine Stückchen so lange von der Kapillare abgeschnitten, bis die gewünschte Geschwindigkeit erreicht ist. Die im Handel erhältlichen fertig ausgezogenen Kapillaren sind abgeschmolzen, da ungefüllte offene Kapillaren erfahrungsgemäß durch Kapillarkondensation rasch unbrauchbar werden. Es ist unvermeidlich, daß sich mitunter auch die eine oder andere Kapillare findet, deren Tropfgeschwindigkeit schon nach dem ersten Abschneiden zu groß ist, so daß sie nicht verwendet werden kann.

Die durch die Kapillare fließende Quecksilbermenge ist so klein, daß man mit einer Füllung des Niveaugefäßes sehr lange auskommt. Für die Kathode muß besonders reines Quecksilber verwendet werden, weil die Tropfgeschwindigkeit, Tropfengröße und damit Stromstärke auch durch kleinste Verunreinigungen beeinflußt wird. Qualitative Sicherheit und quantitative Genauigkeit sind um so größer, je größer die Reinheit des Kathodenquecksilbers ist. Der elektrische Anschluß der Tropfelektrode an den Polarographen darf darum auch nicht durch direktes Eintauchen eines blanken Kupferdrahtes in das Quecksilber des Niveaugefäßes erfolgen, sondern durch den bereits erwähnten Platinkontakt, der in das Niveaugefäß eingeschmolzen und mit einer Klemmschraube verbunden ist.

Bei längerem Gebrauch der Kapillare und besonders nach Stromüberlastungen beobachtet man manchmal, daß die Tropfenbildung ausbleibt und das Quecksilber in sehr dünnem, kaum sichtbaren Strahl aus der Kapillare tritt („Rinnen der Kapillare"). Es genügt dann meist, die Öffnung der Kapillare mit reinem Finger abzuwischen, um die Störung zu beseitigen.

Eine andere Störung tritt auf, wenn durch zu tiefes Senken des Niveaugefäßes[1] Wasser in die Kapillare dringt. Die Kapillarenkräfte von Wasser an Glas verhindern dann meist überhaupt das

---

[1] Empfehlenswert ist es, das Niveaugefäß überhaupt immer in derselben Höhe zu belassen und nur durch einen knapp über dem oberen Ende der Glaskapillare angebrachten Schraubenquetschhahn den Schlauch abzuquetschen; so vermeidet man am sichersten das Eindringen von Wasser in die Kapillare.

Austropfen des Quecksilbers; man kann durch Abquetschen des
Schlauches knapp über der Kapillare und kräftigen Druck auf das
abgeschlossene Stück das Wasser wieder herauspressen, doch tropft
die Kapillare dann meist nicht mehr regelmäßig (verschieden hohe
Oszillationen in den Kurven) und muß mit staubfreier Luft wieder
getrocknet werden (Abb. 11).

Im Laufe der Zeit wandert etwas Schwefel vom Gummi in das
Quecksilber, was sich durch das Auftreten einer schwarzen Haut
auf der Quecksilberoberfläche zu erkennen gibt; der Tropfenfall
kann u. U. empfindlich gestört werden. Man muß dann die Kapillare sorgfältig abwischen, das verunreinigte Quecksilber aus-
leeren, den Gummischlauch nötigenfalls erneuern und frisches
Quecksilber nachfüllen. Um diesen Übelstand zu vermeiden, ist in

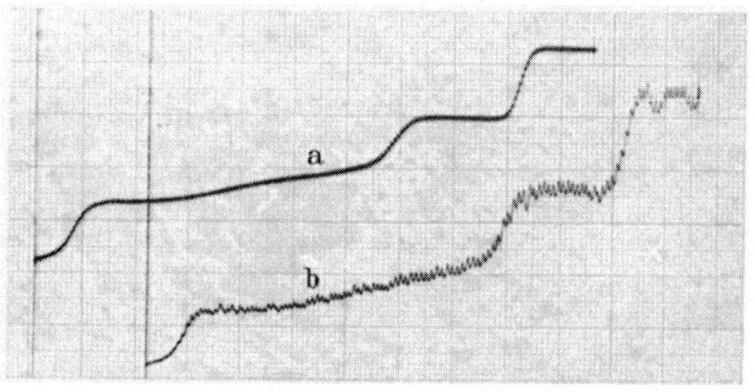

Abb. 11. Einfluß der Tropfkapillare auf das Polarogramm. Eine Lösung,
die Kupfer, Zink und Mangan enthält, wurde mit zwei verschiedenen
Kapillaren aufgenommen: *a* einwandfreie Kapillare, *b* durch eingesaugtes
Wasser verdorbene Kapillare.

letzter Zeit von der Firma *Leybold* ein gummi- und fettfreies Elek-
trodenstativ konstruiert worden, welches das Quecksilber nur mehr
mit Glas in Berührung bringt und den Tropfenfall durch einen Ril-
lenschliff abzustoppen gestattet.

e) Die Anode. Auch der Anschluß des Bodenquecksilbers, welches zufolge seiner gegen die Tropfenkathode sehr großen Oberfläche als unpolarisierbare Anode dient (*174, 175*), muß über einen
Platinkontakt vorgenommen werden. Man gewöhne sich daran,
gerade dieser bei jeder Analyse neu herzustellenden Verbindung
große Aufmerksamkeit zu widmen; bei Verwendung der Kölbchen
achte man darauf, daß der am Bodenrand des Elektrolysiergefäßes
eingeschmolzene Platinkontakt *vollständig* mit Quecksilber bedeckt
ist, da sonst Störungen und Unsicherheiten sowohl in der Strom-

wie auch in der Spannungskoordinate auftreten würden. Das äußere, quecksilbergefüllte Stromzuführungsröhrchen des Elektrolysiergefäßes (Abb. 12a) darf nicht feucht sein, der eintauchende Kupferdraht soll blank geputzt sein.

Wird die Elektrolyse in einem Becherglas ausgeführt, so benutzt man als anodische Stromzuführung ein Glasrohr mit Platinkontakt nach Abb. 12b, das mit Quecksilber gefüllt und nach Einführung eines blanken Kupferdrahtes mit Pizein verschlossen wird. Bei der Analyse soll der Platindraht zwar ganz in das Anodenquecksilber eintauchen, den Boden des Becherglases aber nicht berühren. Bricht der Platindraht ab, was mitunter vorkommen mag, so erhält man nur mehr kleine und verzerrte

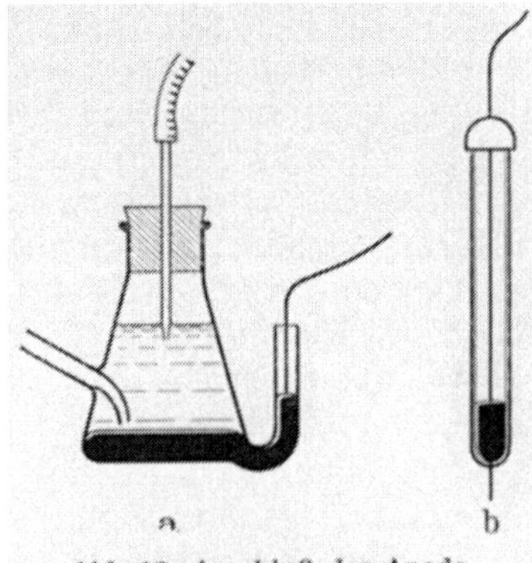

Abb. 12. Anschluß der Anode.
a Elektrolysierkölbchen,
b Zuführungsröhrchen.

Stromanstiege; das Röhrchen muß ausgewechselt werden.

f) Die Wichtigkeit guter Kontakte. Ein schlechter Kontakt im Meßkreis kann sowohl zeitliche Schwankungen des registrierten Stromes, also unverwertbare bzw. falsche Kurven verursachen, wie auch durch zusätzliche Widerstände ein falsches Reduktionspotential vortäuschen. Die in das Quecksilber der Stromzuführung eintauchenden Drahtenden dürfen ebensowenig fett, oxydiert oder feucht sein, wie die Stöpsel- und Klemmkontakte. Eine Gefahr für die Stöpselkontakte des Empfindlichkeitsumschalters bedeuten Säuredämpfe in der Laboratoriumsluft; nötigenfalls kann man die Buchsen vorsichtig mit einer Rundfeile reinigen.

Ein eigentümlicher Effekt kann dann in Erscheinung treten, wenn sich ein lockerer Kontakt im Galvanometerkreis befindet; man erhält dann, jedesmal beim Niederdrücken der Kontakttaste 5, charakteristische Zacken in der polarographischen Kurve, die sowohl nach aufwärts wie nach abwärts laufen können. Es läßt sich nicht ganz vermeiden, daß kleine Wechselströme im Galvanometerkreis durch kapazitive oder induktive Kopplungen auftreten; an sich würden sie auf das Galvanometer natürlich keinen Einfluß haben. Tritt jedoch durch einen Lockerkontakt Detektorwirkung auf, so erscheinen die erwähnten Zacken in den Polarogrammen, und zwar in der Regel an der Stelle der Ordinatenstriche. Wegen dieses Detektoreffektes dürfen minderwertige Bananenstecker für den Meßkreis des Polarographen nicht verwendet werden.

Die Stromzuführung an die Enden des Potentiometerdrahtes erfolgt durch die Walzenachse, an welche links und rechts je eine Kontaktfeder angedrückt ist. Diese Kontakte müssen sorgfältig vor Schmutz und Staub geschützt bleiben; zu kleiner Federdruck verursacht ebenfalls rhythmische Störzacken, die aber stets nach abwärts gerichtet sind.

Die Verwendung eines Schleifkontaktes auf der Potentiometerwalze würde zu Reiboxydation führen. Darum erfolgt der Abgriff der Elektrolysenspannung durch ein Kontakträdchen; klemmt sich dieses Rädchen und schleift es auf dem Draht, anstatt sich zu drehen, so würde der Kontakt immer schlechter werden. In einem solchen Falle muß man den Potentiometerdraht mit feinstem Glas-papier abschmirgeln und für den ungestörten Lauf des Kontakt-rädchens sorgen.

Schließlich kann auch der Schleifkontakt am Spannungsregler (siehe das folgende Kapitel) im Lauf der Zeit unzuverlässig werden; meist genügt ein mehrmaliges, rasches Drehen des Bedienungs-knopfes, um die Kontaktflächen wieder blank zu machen. Nötigen-falls verstärkt man den Druck der Schleiffeder.

C. Bedienung.

1. Spannungsregler und Empfindlichkeitsumschalter.

Der Stromkreis Akkumulator-Widerstandsdraht des Potentio-meters wird durch Einschalten des Schalters 4, „Akkumulator", geschlossen, wodurch auch das in den Apparat eingebaute und durch das Glasfenster im Polarographengehäuse sichtbare Voltmeter V unter Spannung steht; es zeigt die an der Potentiometerwalze liegende Spannung, nicht die des Akkumulators an.

Mit Vorteil wird man den Potentialabfall längs des Potentio-meterdrahtes so groß wählen, daß eine Umdrehung der Walze genau 100 oder 200 mV entspricht. Beträgt die durch das Voltmeter an-gezeigte Walzenspannung genau 2 bzw. 4 Volt, so muß dieser ge-wünschte Spannungszuwachs pro Umdrehung erhalten werden, da die Walze ja 20 Drahtwindungen besitzt.

Zur Einregulierung der an die Potentiometerwalze gelegten Spannung dient der Vorschaltwiderstand X, der durch den mit „Spannungsregler" bezeichneten Drehknopf an der Stirnwand des Polarographen bedient wird. Man beachte, daß die Akkumulatoren-spannung kurz nach dem Einschalten und bei längerer Stroment-nahme etwas zurückgehen kann, besonders wenn der Sammler nur kleine Kapazität besitzt; die Voltmeteranzeige muß also immer im Auge behalten werden. Wie später ausgeführt wird, ist die genaue Kontrolle der Meßspannung für qualitative Zwecke wesentlich; die quantitative polarographische Analyse fordert dagegen keine besondere Sorgfalt bei der Einstellung der Walzenspannung.

Die vom Polarographen quantitativ erfaßten Ionenkonzentrationen überstreichen ein Gebiet von 5 Zehnerpotenzen; wegen der Proportionalität von Ionenkonzentration und Stromstärke müßten die Ausschläge des Lichtzeigers Größen von 1 mm bis zu mehreren Metern haben. Um diese hypothetischen Ausschläge in solche von gut meßbarer Größe zu verkleinern, ist das Galvanometer mit einem in den Apparat eingebauten regulierbaren Präzisionsshunt zusammengeschaltet. Die Einstellung der gewünschten Empfindlichkeit geschieht durch Stöpseln in die rechts seitlich am Polarographengehäuse angebrachten Buchsen (R im Planschema), bei welchen der einer jeden Buchse entsprechende Bruchteil der vollen Galvanometerempfindlichkeit vermerkt ist. So kann man zwischen der vollen Empfindlichkeit und $^1/_{10\,000}$ derselben variieren, und es ist infolgedessen prinzipiell möglich, je nach der Einstellung in Lösungen von der Normalität 10^{-2} bis 10^{-6} zu arbeiten. Die gewählte Empfindlichkeit richtet sich also nach der Konzentration des zu bestimmenden Ions und beträgt z. B. bei einer Normalität von $^1/_{100}$ etwa $^1/_{500}$. Man stellt die Empfindlichkeit so ein, daß einerseits nach Möglichkeit sämtliche zu messende Wellen auf eine Aufnahme kommen, andererseits aber die Wellenhöhe noch eine genaue Ausmessung gestattet. Eine Kontrolle hat man durch das rechts seitlich am Polarographen angebrachte Handrad, mit welchem man die Potentiometerwalze langsam durchdrehen und die gleichzeitige Wanderung des Lichtzeigers auf der Mattscheibe verfolgen kann. Die Kuppelung der Walze mit dem Motor wird dabei gelöst, und zwar durch Herausziehen des linken, dem Handrad gegenüberliegenden Griffrädchens. Größe, Lage und Gestalt der Stromstufen lassen sich so mit einiger Übung gut beurteilen und die Empfindlichkeit des Galvanometers kann danach für die eigentliche Kurvenaufnahme geeignet gewählt werden. Zeigt z. B. die Überprüfung des Kurvenverlaufs, daß nicht mehr sämtliche Einzelkomponenten aufgezeichnet werden, weil der Galvanometerausschlag zu groß ist, oder liegen zwei Stromstufen so nahe, daß sie ineinander verfließen, dann wird eine kleinere Galvanometerempfindlichkeit eingestöpselt; umgekehrt schaltet man auf größere Empfindlichkeiten um, wenn die Ausschläge des Lichtzeigers nur über einen kleinen Teil der Meßskala reichen.

2. Die Photowalze.

Die Registriertrommel des Polarographen ist abnehmbar und läuft auf einer durch Zahnradübersetzung mit dem Motor gekoppelten, frei aus dem Polarographengehäuse ragenden Achse, von der sie seitlich abgezogen werden kann. Sie muß stramm auf der Achse sitzen, da sie nur durch Reibung von ihr mitgenommen wird; das Achsenende ist geschlitzt und kann nötigenfalls weiter auseinandergebogen werden.

Über die eigentliche Walze ist ein lichtdichter Trommelmantel geschoben, der aus seinem Nockenverschluß herausgedreht und abgenommen werden kann. An der einen Kopfwand des inneren Trommelteiles befindet sich ein Druckknopf, der das Schloß für eine Sprungfeder betätigt. Nach Lösen der Feder läßt sich auch noch die Kopfwand der Trommel abheben.

In der Dunkelkammer erfolgt das Einlegen einer der 4 m langen Photopapierrollen, wie sie mit dem Polarographen mitgeliefert werden und auch nachbezogen werden können, in der Weise, daß das Ende des Papiers durch einen unter der Sprungfeder befindlichen Längsspalt durchgezogen, um die Walze ganz herumgelegt und durch Niederdrücken der Sprungfeder befestigt wird.

Die Rolle ist so verpackt, daß die lichtempfindliche Schicht des Papiers die Innenseite bildet; sie muß natürlich auf der Walze nach außen gekehrt sein. Jedesmal nach der Aufnahme wird das exponierte Papier nach Lösen der Sprungfeder längs des durch die Spaltkante eingedrückten Kniffes abgerissen, das neue Papier nachgezogen usw.

Der Mantel der Photowalze besitzt einen Belichtungsschlitz, der durch einen kleinen seitlichen Hebel geöffnet und geschlossen werden kann. Die Photowalze muß so auf die Achse aufgesetzt werden, daß der Belichtungsschlitz zwischen einer Führungsschiene und einer darunter liegenden Feder zu liegen kommt, die beide an der Vorderwand des Verdunklungskastens angebracht sind. Der Walzenmantel läßt sich, wenn richtig eingesetzt, in der Drehrichtung der Achse nicht bewegen. Bei gelöster Kupplung bleibt die Photowalze mit dem Getriebe verbunden und dreht sich unabhängig von der Potentiometerwalze, wenn der Motor eingeschaltet wird. So können auch Stromzeitkurven ohne oder mit konstanter Spannung aufgenommen werden, etwa bei kinetischen Untersuchungen, bei potentiometrischen Titrationen, Temperaturzeitkurven usw. Die Spannungskoordinate im Polarogramm wird eine Zeitkoordinate.

3. Die Einstellskalen.

Die Festlegung des Kurvenbeginns in der Längenkoordinate (Spannungskoordinate) des Polarogramms erfolgt durch einen in 20 Teile geteilten Skalenring am Kopf der Photowalze, durch die *Abszissenskala*, welche gegen eine am Walzenmantel angebrachte Strichmarke abgelesen wird. Stimmt diese mit dem Teilstrich *0* überein, so beginnt die Kurve ganz am linken Ende des Polarogramms, beim Teilstrich *1* einen Zentimeter weiter rechts usw. In der Höhenkoordinate des Polarogramms kann der Kurvenbeginn durch Verschieben des Polarographen auf seinen Schienen beliebig eingestellt werden. Fällt der Lichtzeiger auf die Marke *0* der *Ordinatenskala* an der Mattscheibe, so beginnt die Kurve auch ganz unten; verschiebt man den Polarographen mittels Stellrad aber so weit nach links, daß der Lichtzeiger z. B. auf die Marke *5* der Mattscheibenskala fällt, so liegt der Kurvenbeginn auch 5 cm höher im Polarogramm. Die Fixierung des Apparates auf den Schienen erfolgt durch Herabdrücken eines Feststellhebels links neben dem Stellrad.

Die Einstellung des Kurvenbeginns ist wichtig, wenn mehrere Kurven auf einem Polarogramm aufgenommen werden sollen; dies wird wohl fast immer der Fall sein und man darf, um gegenseitige Überschneidungen zu vermeiden, die Kurven nicht zu eng aneinandersetzen. 2 cm Zwischenraum werden meist genügen, so daß also die erste Kurve bei Marke *0* des Skalenringes, die zweite bei 2, die dritte bei *4* aufgenommen wird usw. Wenn möglich sollen die Kurven in der Längenkoordinate so angeordnet sein, daß die höher ansteigenden vor den flacheren kommen. In der Höhenkoordinate soll jede Kurve etwas tiefer beginnen als die vorherige, also etwa die erste bei Teilstrich *2* der Mattscheibe, die nächste bei *1½* usw.

Die Potentiometerwalze steht zu Beginn der Analyse auf *0*, d. h., die Null der links am Umfang der Walze gezeichneten Skala stimmt mit einer kleinen dreieckigen Blechmarke links neben der Walze überein. Durch das Glasfenster im Polarographengehäuse sieht man noch zwei weitere Skalen, die obere, rechtsläufige *Spannungsskala*, auf welcher der Stand des Kontakträdchens am Walzendraht und damit die gerade herrschende Elektrolysenspannung abzulesen ist, und eine linksläufige Skala, *die Abschaltskala*. Diese gehört zu einer einfachen Vorrichtung, durch welche sich der Polarograph nach Erreichung einer bestimmten, wählbaren Spannung von selbst abschaltet, so daß die Aufnahme überhaupt nicht überwacht zu werden braucht.

Auf der linken Seite des Polarographengehäuses sind zwei in-

einandergesteckte Stangen herausgeführt (Abb. 13), von welchen
die eine, durch den Griff G bedient, das Abheben des Kontakträdchens S von der Potentiometerwalze und sein Aufsetzen auf irgend-
eine der 20 Drahtschleifen gestattet. In ihr kann die Einstellstange
V an der Abschaltskala entlang verschoben werden. Die 20 Marken
der Skala entsprechen den 20 Windungen des Potentiometerdrahtes.
Soll sich der Apparat z. B. bei 2,2 Volt erreichter Spannung abschalten, also, wenn insgesamt 4 Volt Spannung an der Walze liegen,
nach der 11. Windung, so schiebt man die Einstellstange V bis zur
Marke 11 und fixiert sie durch Anziehung der Feststellschraube F.
Nach dem Einschalten des Motors bewegt sich das Rädchen S und
damit auch das ganze System nach rechts; sind die gewünschten
Windungen durchlaufen, so berührt das Ende der Einstellstange

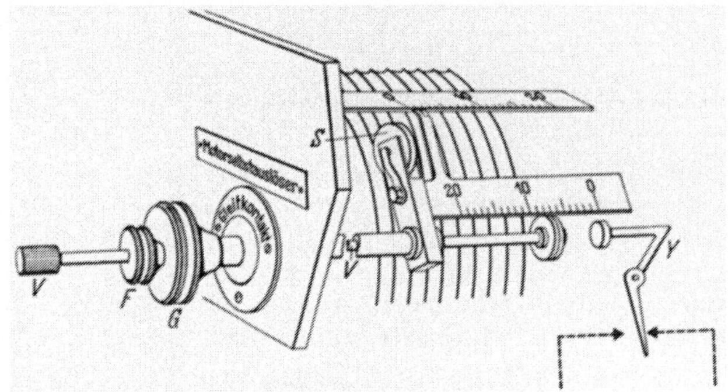

Abb. 13. Die automatische Abschaltung.
S Kontakträdchen, G Handgriff für das Abgreifsystem, V Einstellstange,
F Feststellschraube, Y Abschalter.

den Hebel Y, der nun den Motor abschaltet. Um den Polarographen wieder in Gang zu setzen, muß der mit *Motor* beschriftete
Knopf auf der Vorderwand des Gehäuses niedergedrückt werden,
wodurch Y in seine alte Lage kommt.

4. Bemerkungen zur Kurvenaufnahme.

Vom richtigen Funktionieren der Apparatur überzeugt man sich
am besten dadurch, daß man statt des Elektrolysensystems einen
konstanten Widerstand von etwa 100 000 Ohm an die Kathoden-
und die Anodenklemme des Polarographen anschaltet. Die Kurvenaufnahme soll als Ausdruck des OHMschen Gesetzes eine völlig
gerade Querlinie von der linken unteren bis zur rechten oberen
Ecke des Polarogramms liefern. Erhält man eine unregelmäßig ge-
krümmte Kurve, so steht das Galvanometer nicht genau waag-

recht; ist sie regelmäßig gekrümmt, so ist der Torsionsfaden des Galvanometerspiegels überdreht oder der Meßakkumulator zu klein dimensioniert; enthält die Kurve nach unten gerichtete Zacken in regelmäßigen Abständen, so wird der Fehler in einem schlechten Kontakt der Stromzuführung über die Walzenachsen zu suchen sein, laufen die Zacken sowohl nach oben wie nach unten, so muß ein oxydierter Kontakt in den äußeren Stromleitungen die Ursache sein; gänzlich unregelmäßige Stromschwankungen werden meist durch unstabile Aufstellung von Apparat und Galvanometerlampe verursacht, seltener durch eine Störung am Kontakträdchen; regelmäßige Oszillationen endlich deuten auf zu geringe Dämpfung der Galvanometeraufhängung.

Eine polarographische Kurve braucht natürlich nicht mit der Spannung Null zu beginnen; liegt die interessierende Welle etwa bei 1,5 Volt (z. B. Mn), so wird man mittels des Griffes G das System auf Strich 7 der Spannungsskala stellen[1] und die Kurve so mit 1,4 Volt Elektrolysenspannung beginnen. Auf der Abschaltskala wird man den Teilstrich 10 einstellen, so daß die Kurve zwischen 1,4 und 2,0 Volt aufgezeichnet wird.

Die Abszissenbeleuchtung wird man meist nur dazu einschalten, um den Kurvenbeginn in der Spannungskoordinate deutlich zu markieren. Die Abszissenlampe wird also gleich nach Aufnahmebeginn wieder ausgeschaltet; die Messungen im Polarogramm erfolgen mit dem Lineal oder mit den später zu beschreibenden Leitern, wobei die Abszissennullmarke jeder Kurve als die über die ganze Höhe des Polarogramms verlaufende Bezugslinie der angelegten Maßstäbe dient.

Die Einstellung des Polarographen, welche vorstehend so ausführlich beschrieben wurde, erfolgt in wenigen immer gleichbleibenden Handgriffen; sie dauert nicht länger als 1 Minute und kann von jedem Laboranten in kurzer Zeit ohne Spezialkenntnisse erlernt werden. Da auch die Kurvenaufnahme selbst nur einige Minuten beansprucht und außerdem automatisch erfolgt, können serienmäßig viele Analysen rasch hintereinander ausgeführt werden. Genaue Buchführung über jede einzelne Kurve ist darum nötig. Man notiert etwa:

Polarogramm und Kurve	117/b
Bestimmung	Cu, Ni in Aluminiumlegierung, in Salzsäure gelöst
Grundlösung (Menge und Art)[2]	20 cm³ Lösung C
Probe (Menge, Einwaage, Verdünnung) .	5 cm³/0,109 g/100 cm³
Akkumulator	4 Volt

---

[1] Bei Verwendung von 4 Volt Meßspannung.
[2] Siehe Abschnitt D, 1, b.

Empfindlichkeit 1/50
     Ordinatenskala 1
     Abszissenskala 4
     Spannungsskala 0
     Abschaltskala 8

Vor dem Entwickeln notiert man die Nummer des Polarogramms mit Bleistift auf dessen Rückseite.

Die photographische Entwicklung der Polarogramme erfolgt bei
rotem Licht in Metholhydrochinonbädern, welche die käufliche Lösung (z. B. das Fabrikat der Agfa, Berlin) etwa 1 : 3 verdünnt enthalten.

Nach dem Eintauchen in ein konzentriertes Fixiersalzbad, Ab-
spülen mit Wasser und Trocknen im warmen Luftstrom werden die
Aufnahmen ausgewertet[1]. Sollen die Polarogramme aufbewahrt
werden, so muß man 10 Minuten lang fixieren und eine Stunde
wässern. Sie werden dann ausgespannt getrocknet, hierauf geebnet,
beschnitten und in Karteikästen, Briefordnern oder auf Pappe auf-
gezogen gesammelt.

D. Technik der polarographischen Analyse.

1. Grundsätzliches.

a) Einfluß der Versuchsumstände auf das Analysenresultat.
Für den Diffusionsstrom i, mit welchem reduzierbare Ionen A von
der Konzentration C_A in einer des weiteren die Ionen $B, C \ldots$ enthaltenden Lösung zu einer Kathode mit der Oberfläche O geschafft
werden, gilt bei der Temperatur T die Formel

$$i = k \cdot T \cdot c_A \cdot O \cdot f(c_B, c_C \ldots),$$

worin k einen Proportionalitätsfaktor darstellt (*177*).

Aus solchen Diffusionsströmen setzen sich die polarographischen
Stufenkurven zusammen; sie sind also nur dann eindeutig definiert,
wenn die Kathodenoberfläche, die Temperatur und der Einfluß der
Fremdionen $B, C \ldots$ festgelegt ist. Für diesen Fall erhält man

$$i = k' \cdot c_A,$$

d. h. der Elektrolysenstrom ist nun mehr der Konzentration proportional. Die Gleichhaltung der äußeren Versuchsbedingungen ist
also ein Haupterfordernis der polarographischen Analysentechnik,

---

[1] Besonders angenehm ist das Arbeiten mit den für photographische
Zwecke oft verwendeten Hochglanztrockenautomaten, bei welchen das zu
trocknende Papier auf eine polierte Metallplatte aufgequetscht und durch
elektrische Heizung erwärmt wird; nach zwei Minuten springt das fertige
Papier von der Platte ab.

welche, wie letzten Endes jede Messung, nur durch relative Vergleiche zu qualitativen und quantitativen Aussagen kommt.

Die *Konstanz der Kathodenoberfläche*, richtiger ihrer durchschnittlichen Oberfläche, ist leicht zu erreichen, wenn man für alle zu vergleichenden Aufnahmen dieselbe Kapillare verwendet, das Quecksilber unter demselben Druck austreten läßt und für annähernd konstante Zwischenflächenspannung (d. i. die Oberflächenspannung des Quecksilbers an der Phasengrenze Hg-Elektrolyt) Sorge trägt; die Höhe des Niveaugefäßes über dem Ende der Kapillare muß also ebenso festgelegt sein (Verwendung des Elektrodenstatives, s. S. 15) wie der Typus des Analysenansatzes (Verwendung von Grundlösungen, s. S. 41). Die Kathodenoberfläche ist im polarographischen Elektrolysensystem um so größer, je rascher die Kapillare tropft, so daß rasche Kapillaren größere Stromstufen liefern als langsame. An und für sich schwankt die Größe dieser Oberfläche und damit auch der fließende Strom im Rhythmus der Tropfgeschwindigkeit ständig zwischen einem größten Wert, wenn der Tropfen eben im Abfallen ist, und einem kleinsten, wenn sich der neue Tropfen auszubilden beginnt. Dem Kurvenverlauf sind diese Stromschwankungen als kleine Oszillationen überlagert; sie stören die Auswertung keineswegs, da man zur Ausmessung das Strommittel, d. h. die Mitte der Oszillationen zu verwenden pflegt. Die Größe dieser Oszillationen ist ebenfalls eine Funktion der Tropfgeschwindigkeit. Weil das Galvanometer mit einer Schwingungsdauer von 5 s stark gedämpft ist, kann es den Stromschwankungen um so schlechter folgen, je größer die Tropfgeschwindigkeit gegenüber dieser Schwingungsdauer ist; um so kleiner werden also die Oszillationen, so daß rasche Kapillaren den langsamen vorzuziehen sind. Zu schneller Tropfenfall verbietet sich jedoch darum, weil sich an rasch bewegtem Quecksilber kein regelmäßiger Diffusionsstrom mehr ausbildet. Es treten starke und unregelmäßige Stromschwankungen auf, ähnlich solchen, die bei „rinnenden" Kapillaren beobachtet werden, und die Auswertung der Kurven ist unmöglich.

Die *Konstanz der Temperatur* ist für genaue quantitative Bestimmungen unerläßlich, da der Diffusionsstrom mit steigender Temperatur ebenfalls ansteigt (*157*); eine Schwankung von 1° verursacht einen Fehler von etwa $2\frac{1}{2}\%$. Man arbeitet also in Räumen, deren Temperatur festliegt oder sich zum mindest während der Messung nicht ändert. Polarographiert man serienmäßig und unter Verwendung einer Eichkurve, so muß die Temperatur bekannt sein, bei welcher die Eichkurve gewonnen wurde; ferner bestimmt man ein für allemal den Temperaturfehler (Prozent je Grad) und stellt ihn nötigenfalls bei jeder Aufnahmeserie in Rechnung. Die Temperaturkonstanz von nicht allzu ungünstig gelegenen Räumen ist immerhin so gut, daß man bei laufenden Messungen Thermostaten entbehren und unter der Voraussetzung geeigneter Temperaturkontrolle eine Genauigkeit von 1% erreichen kann. Immerhin ist die Verwendung eines kleinen Thermostaten oft anzuraten, da die Nichtberücksichtigung des Temperatureinflusses die Genauigkeit der quantitativen polarographischen Messung stark herabsetzt.

Die Notwendigkeit eines Überschusses von Fremdionen zur Ausschaltung der Überführung wurde als Grundlage der polarographischen Analysentechnik bereits auf S. 3 angeführt; die *Konstanz dieser Fremdionenkonzentration* braucht nur annähernd erfüllt zu sein, nämlich so weit, daß die Aktivitätskoeffizienten der zu bestimmenden Ionen in zu vergleichenden Lösungen konstant bleiben. Man hat die bekannte Tatsache zu berücksichtigen, daß die starke Elektrolyte allen Formeln, in welche ihre Konzentrationen eingehen, nur dann genau gehorchen, wenn diese Konzentrationen durch Multiplikation mit einem konzentrationsabhängigen Aktivitätskoeffizienten f zu Aktivitäten umgeformt werden. Die Gleichung für den Diffusionsstrom muß also lauten:

$$i = k'' \cdot f_A \cdot c_A.$$

Man findet, daß eine polarographische Stromstufe um viele Prozente kleiner wird, wenn man die Fremdionenkonzentration z. B. von n/1000 zu n/100 oder von n/100 zu n/10 erhöht. Eine Änderung beim Übergang von 1 n zu 2 n ist jedoch kaum festzustellen. Man bedient sich zur Festlegung der Ionenaktivität des Kunstgriffes, daß die Probelösung zu einer „Grund“-Lösung zugefügt wird, die meist aus Alkalisalz besteht und mindestens zehnmal konzentrierter sein soll, als die zu bestimmenden Substanzen; die Gesamtionenkonzentration soll durch die Zugabe der Proben höchstens um 50% verändert werden. Eich- oder Vergleichskurven werden mit derselben Grundlösung aufgenommen wie die Proben; auf diese Weise wird der Einfluß der Fremdionenkonzentration konstant gehalten und darum ausgeschaltet.

Alle wäßrigen Lösungen enthalten je nach ihrer Beschaffenheit Luft in verschiedenen Mengen gelöst. Da *Sauerstoff* an Quecksilberelektroden leicht reduziert wird, erhält man gleich zu Beginn der Kurven eine flache, verhältnismäßig hohe Stromstufe, welcher etwa 0,8 Volt später eine gleich große zweite Stufe folgt. Raumbedarf und Größe dieser Fremdwellen erfordern häufig eine Entfernung des gelösten Luftsauerstoffs aus dem Analysenansatz. Meistens wird man sich hierfür eines reinen Gasstromes von Wasserstoff oder Stickstoff bedienen, welcher zuvor durch eine Waschflasche mit alkalischer Pyrogallollösung geleitet wurde (35 g NaOH und 3 g Pyrogallol und 100 cm³ Wasser). Die in solchen Fällen angewendeten Elektrolysiergefäße wurden auf S. 15f. bereits beschrieben. Auf chemischem Wege kann man den Sauerstoff durch Zugabe einiger Körnchen Natriumsulfit, welches bekanntlich leicht und rasch zu Sulfat oxydiert wird, aus der Lösung herausholen (*84*). Organische Substanzen verzögern oder verhindern mitunter diese Reaktion; natürlich dürfen die im Analysenansatz zu bestimmenden Stoffe mit Sulfit keine Niederschläge bilden. Im alkalischen Medium bewährt sich der Zusatz von etwas Mangansalz, welches als Hydroxyd ausfällt und den Sauerstoff unter Braunsteinbildung mitnimmt. In sehr konzentrierten Lösungen können die Sauerstoffwellen kaum festgestellt werden, so daß das Gasdurchleiten bei Spurenanalysen oft überflüssig ist.

Einen großen Einfluß auf die polarographischen Kurven übt auch das *Wasserstoffion* aus, da es ebenso wie der Sauerstoff eine Fremdwelle liefert, welche andere Stromstufen verdecken oder verfälschen kann. Man wird also, wenn möglich, in neutralen Lösungen arbeiten; als Faustregel für das Polarographieren saurer Ansätze von Metallproben kann gelten, daß die Lösung höchstens so sauer sein darf, daß das Sulfid des zu bestimmenden Kations gerade noch ausfallen kann.

b) Die Grundlösung. Die Ausarbeitung einer polarographischen Analysenvorschrift ist in den meisten Fällen nichts anderes als das Suchen nach einer geeigneten Grundlösung, welche nicht nur den Einfluß der Fremdionen konstant halten, sondern auch einen eindeutigen und gut auswertbaren Kurvenverlauf gewährleisten muß. Von einer brauchbaren Grundlösung wird gefordert:

daß die zu bestimmenden Substanzen in definierter Form im Analysenansatz enthalten sind, also beispielsweise Metalle entweder als gewöhnliches hydratisiertes Ion oder als definiertes Komplexion, nicht aber kolloid oder im Gleichgewicht mit anderen komplexen Ionenformen;

daß der Raumbedarf jeder Welle befriedigt ist, Wellenkoinzidenzen durch Komplextrennung oder Fällung vermieden werden;

daß die Fremdwellen unterdrückt oder klein gegenüber den Analysenwellen sind;

endlich darf der Verlauf der Kurve nicht durch Adsorptionskräfte (Maxima) gestört werden.

Anfang und Ende der Stromspannungskurve sind durch die Grundlösung annähernd festgelegt, wobei das Anion ihren Beginn und das Kation ihren Abschluß beeinflußt. Am Punkt des Kurvenanfangs liegt zwar von außen her noch keine Spannung an der

Kathode, das Quecksilber sowohl der Tropfelektrode wie der Anode besitzt aber bereits ein ganz bestimmtes „Ruhepotential", welches von der Art der Lösung abhängt und gegen eine Vergleichselektrode gemessen werden kann.

Der Wert des Ruhepotentials ist durch die vorhandenen Anionen gegeben und liegt um so negativer, je schwerer löslich oder je stärker komplex das Quecksilbersalz dieser Anionen und je größer die Anionenkonzentration ist[1]. Zur Erreichung eines bestimmten Reduktionspotentials muß von außen her, durch die Potentiometerwalze des Polarographen, um so mehr Spannung zusätzlich auf die Kathode gelegt werden, je positiver das Ruhepotential der Elektroden an sich ist: die polarographische Kurve „beginnt früher".

Das Ende der Kurve ist durch den Stromanstieg gegeben, welcher die einsetzende Reduktion des in großem Überschuß vorhandenen Grundlösungskations begleitet; der hohen Konzentration entsprechend wandert der Lichtzeiger rasch aus dem Polarogramm heraus. Je schwerer das Kation reduziert wird, um so später kommt dieser Endanstieg. Man verwendet darum möglichst die erst bei hohen Spannungen reduzierbaren Alkalisalze zur Herstellung von Grundlösungen, besonders die Salze des sehr unedlen Lithiums, welches eine Kurvenaufnahme bis über — 2 Volt gestattet. Will man die Alkalisalze selbst polarographieren, so ist kein anorganisches Kation unedel genug, um das Salz für die Grundlösung liefern zu können; man muß zu organischen Basen, wie Tetramethylammonium, greifen, welche erst nach 2,6 Volt, also nach allen anorganischen Kationen reduziert werden.

Aus dem Gesagten ergibt sich, daß z. B. Stromspannungskurven in einer Grundlösung aus Zinkperchlorat „früher" beginnen und „früher" enden als in einer Grundlösung aus Kaliumzyanid. Die Kurven haben wohl die ungefähr gleiche Länge; während sich aber im ersten Fall das durchlaufene, für analytische Stromstufen verfügbare Spannungsgebiet von + 0,3 bis — 0,9 Volt (bezogen auf die Normal-Kalomelelektrode) erstreckt, erfaßt man im zweiten Fall den Bereich von — 0,6 ... — 1,9 Volt. In einer Grundlösung von Lithiumperchlorat oder Tetramethylammoniumnitrat erreicht man Spannungsbereiche von 2,4 ... 2,6 Volt.

Mit steigender Konzentration der Grundlösung rückt der Endanstieg langsam zu positiveren Werten, während, wie erwähnt, das Ruhepotential negativer wird. Der verfügbare Spannungsbereich

---

[1] Nach der klassischen Nernst'schen Auffassung muß ein Elektrodenpotential um so negativer werden, je kleiner die größtmögliche Konzentration der potentialbestimmenden Ionen, hier also der Quecksilberionen, ist.

einer Grundlösung wird also von beiden Seiten her kleiner, wenn die gleiche Lösung konzentrierter angewendet wird. Man suche daher mit möglichst verdünnten Grundlösungen auszukommen; als Faust-

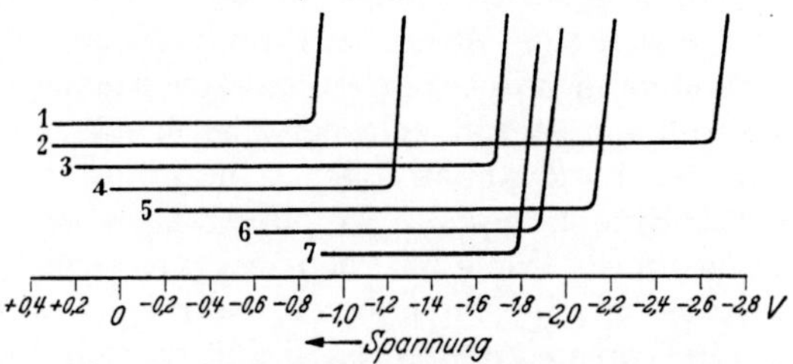

Abb. 14. Spannungsbereiche polarographischer Grundlösungen.
1 Zinkperchlorat, *2* Tetramethylammoniumnitrat,
3 Aluminiumsulfat, *4* Salzsäure, *5* Kalziumhydroxyd,
6 Kaliumcyanid, *7* Ammoniumsulfid.

regel diene die bereits erwähnte Forderung, daß die Grundlösung mindestens zehnmal so konzentriert sein soll, als die zu bestimmenden Substanzen.

Liegen die Reduktionspotentiale zweier im Analysenansatz vorhandenen Substanzen so nahe zusammen, daß ihre Stromstufen ineinanderfließen, oder ist aus anderen Gründen eine Störung zu befürchten, so muß eine Trennung vorgenommen werden. Häufig kann man die Grundlösung so zusammensetzen, daß sie für die eine Substanz fällend wirkt. Grundlösung C^1 fällt aus Eisen-Nickellösungen das Eisen aus und liefert eine ungestörte Nickelwelle; die Grundlösung G, welche für Nitratbestimmungen geeignet ist, enthält auch Bariumchlorid, um evtl. vorhandenes Sulfat, das die Höhe der Nitratstufe beeinflußt, auszufällen. Ein beim Zusammenmischen von Probe und Grundlösung ausfallender Niederschlag braucht natürlich nicht abfiltriert zu werden, da prinzipiell nur gelöste Stoffe die polarographischen Kurven beeinflussen können. Eine Verfälschung des Analysenresultates durch Adsorption an den ausfallenden Niederschlag ist meist nicht zu befürchten und kann nötigenfalls durch Eichkurven ausgeschaltet werden[2]. Die Niederschläge reißen selbstverständlich gelöste Substanzen aus der Lösung mit, aber auch Lösungsmittel, so daß sich nur die absoluten Mengen wesentlich verringern, nicht aber die polarographisch angezeigten Konzentrationen.

Nicht nur durch Fällung kann eine Grundlösung Wellen-

---

[1] Vgl. S. 41.   [2] Vgl. S. 74.

koinzidenzen beseitigen, sondern auch durch Bildung komplexer Ionen. Ein Ion ist um so weniger reaktionsfähig, je stärker es komplex abgebunden ist; also muß auch für seine Reduktion eine höhere Spannung aufgewendet werden. Im Polarogramm äußert sich dies durch eine Wellenverschiebung nach rechts (*65*), die unter Umständen noch über den Endanstieg hinausgehen kann, so daß das betreffende Metall polarographisch ausgeschaltet ist. Z. B. wird Kupfer in Zyankali oder Aluminium in Kalilauge nicht angezeigt. Eine komplexe Trennung ist aber auch dann schon möglich, wenn die Welle im Polarogramm verbleibt und nur je nach der Stabilität des Komplexes mehr oder weniger weit nach negativeren Kathodenpotentialen hin verschoben ist. Es muß nur gefordert werden, daß das Ion der abzutrennenden Welle stärker komplex ist als das Ion, von welchem es unterschieden werden soll. So kann in Seignettesalzlösungen das Wismut vom Kupfer (*60*) und in Ammoniak das Kupfer vom Sauerstoff abgerückt werden. Einige Fälle von Komplextrennung sind in der Literatur beschrieben; viele Komplexbildner, von welchen die organische Chemie ja eine große Auswahl zur Verfügung stellt, sind aber überhaupt noch nicht untersucht. Mehr als einen Komplexbildner soll die Grundlösung nicht enthalten, da sonst im Falle von Gleichgewichten ein einziges Metall mehrere Stromstufen bilden könnte.

Von der Grundlösung muß verlangt werden, daß die zu untersuchenden Substanzen nicht durch Hydrolyse oder eine andere Reaktion die Ionenform verlieren. Bei der Bestimmung von Aluminium und Eisen, besonders aber von Antimon und Zinn, können große Fehler entstehen, wenn das p_H der Grundlösung zu hoch ist. Man wird darum mitunter gepufferte Grundlösungen anwenden.

Endlich enthalten viele Grundlösungen ein sog. Stabilisierungskolloid, welches zwei Funktionen zu erfüllen hat: durch seine Oberflächenaktivität die Adsorptionskräfte des Quecksilbers abzusättigen und durch seine Viskosität sowohl den Tropfenfall regelmäßig zu halten wie Störungen der Diffusionsströme zu vermeiden. Es wurde bereits auf S. 6 erwähnt, daß die Oberflächenkräfte Spannungsfunktionen sind und darum zu Strommaxima und zu unruhigen Kurven führen. Als Stabilisierungskolloide haben sich Netzmittel, Zellulosederivate wie die Methylzellulosen Colloresin FS (I. G. Farbenindustrie A.-G., Frankfurt a. M.) und Tylose S, Viskositätszahl 100 (Kalle & Co., Wiesbaden-Biebrich), bewährt, mitunter auch reine Gelatine, die jedoch in vielen Fällen wegen ihrer Reaktionsfähigkeit unverwendbar ist. Die Grundlösungen sollen das Stabilisierungskolloid in definierter, stets gleichbleibender Menge enthalten, da die Viskosität einen Einfluß auf die Wanderungsgeschwindigkeit der Ionen und damit auch auf die Größe des Diffusionsstromes hat. 2 g/l genügen meist bei den obenerwähnten Substanzen; mitunter ist eine besonders große Viskosität der Lösung zur Erzielung eines gleichmäßigen Tropfenfalls erwünscht, man wird dann bis zu 10 g/l geben müssen.

c) Einige Rezepte für Grundlösungen.

Grundlösung A: 170 g $NaNO_3$
200 cm^3 Gelatinelösung
1800 cm^3 H_2O dest.

geeignet u. a. für: Kupfer, Zink, Mangan, Kadmium; ungeeignet u. a. für: Blei, Eisen (Reaktion mit Gelatine).

Die Gelatinelösung wird aus 20 g reinster Gelatine bereitet, die mit destilliertem Wasser quellen gelassen, in der Hitze gelöst und zum Liter aufgefüllt wird.

Grundlösung B: 140 g KOH
200 cm^3 Gelatinelösung (wie oben)
1800 cm^3 H_2O dest.

geeignet u. a. für: Blei, zweiwertiges Zinn, Zink, kleine Mengen Kupfer.

Bei Anwesenheit von zweiwertigem Zinn liegt das Ruhepotential ungewöhnlich negativ, die Kurve beginnt also spät; vierwertiges Zinn wird in jedem Falle gleich zu Kurvenbeginn angezeigt, so daß es sich empfiehlt, eine Hilfselektrode mit positivem Potential (s. S. 65) statt der üblichen Quecksilberbodenschicht anzuwenden.

Grundlösung C: 200 cm^3 NH_3 konz.
200 cm^3 Tyloselösung
1600 cm^3 H_2O dest.
200 g NH_4Cl

geeignet u. a. für: Kupfer, Nickel, Kobalt, Zink, Mangan.

Man bereitet die Tyloselösung mit der bereits angeteigt käuflichen Substanz (Tylose S, 10 proz. Paste, Viskositätszahl 100), indem man 200 g mit kleinen Mengen kalten Wassers unter ausgiebigem Umrühren bis zur Homogenisierung vermischt, und den Wasserzusatz solange fortsetzt, bis man 1 Liter kolloide Lösung erhält. Keinesfalls darf erwärmt werden, da Methylzellulosen bekanntlich in der Wärme unlöslich werden.

Grundlösung D: 26,4 g $(NH_4)_2SO_4$
200 cm³ Tyloselösung (wie oben)
1800 cm³ H_2O dest.

geeignet u. a. für die Bestimmung von Ferri- und Ferroeisen nebeneinander.

Diese Lösung zeichnet sich durch ein stark positives Ruhepotential aus, wie dies für Ferrianalysen erforderlich ist; bei Eisenbestimmungen soll die Probelösung frei von Chlorid sein, möglichst neutral reagieren und das Eisen höchstens in der Konzentration m/100 enthalten.

Grundlösung E: 660 cm³ HCl konz.
200 cm³ Gelatinelösung (wie oben)
1140 cm³ H_2O dest.

geeignet u. a. für: Zinn, Antimon, Arsen, Wismut.

Der Arsenanstieg liegt sehr flach und hat darum großen Raumbedarf. Die Grundlösung versagt, wenn die zu bestimmenden Arsengruppenmetalle in zu hoher Konzentration zugefügt werden.

Grundlösung F: 3,31 g $Pb(NO_3)_2$
17   g $NaNO_3$
2   cm³ HNO_3 konz.
2   g Colloresin
1000   cm³ H_2O dest.

geeignet für Sulfatbestimmungen, z. B. in Kesselspeisewasser, in Mineralwässern usw. Die Grundlösung zeigt eine Bleiwelle von bestimmter Höhe; nach Zugabe von Sulfat wird die Bleiwelle um einen der Sulfatmenge proportionalen Betrag kleiner, der eichkurvenmäßig erfaßt werden kann.

Grundlösung G: 21,1 g $La(CH_3COO)_3$
24,4 g $BaCl_2 \cdot 2\,H_2O$
200 cm³ Tylose (wie oben)
1800 cm³ H_2O dest.

geeignet für Nitratbestimmungen, besonders in Mischsäuren.

Grundlösung H: 16,8 g $NaHCO_3$
2000 cm³ H_2O dest.

geeignet für die Bestimmung vieler organischer Substanzen.

Grundlösung J_1:   260 g KCN
2000 cm³ H_2O dest.

Grundlösung J_2:   400 g NH_4Cl
200 cm³ NH_3 konz.
1800 cm³ H_2O dest.

Grundlösung J_3: 500 g Na_2SO_3 krist.
2000 cm³ H_2O dest.

Grundlösung J_4: 33 g KJ
2000 cm³ H_2O dest.

Grundlösung J_5: 224 g KOH
2000 cm³ H_2O dest.

$J_1 + J_2 + J_3$ geeignet für die Bestimmung von Nickel neben viel Zink und Kupfer;

$J_1 + J_3 + J_4 + J_5$ geeignet für die Bestimmung von Gold nach der Methode von J. HERMAN (*69*).

Die Bestandteile der Grundlösung J sind, wenn miteinander vermischt, nicht lange haltbar; da mitunter auch die einzelnen Teillösungen für sich verwendet werden und die Reihenfolge der Zugabe zur Probe mitunter nicht gleichgültig ist, wurde diese Grundlösung in Komponenten aufgespalten, die zu gleichen Teilen vermischt werden.

Grundlösung K: 2000 cm³ gesättigte KCl-Lösung
100 g Ammonoxalat

geeignet u. a. für die Bestimmung von Zink neben Nickel.

Grundlösung L: 0,1 g LiCl
2000 cm³ H_2O dest.

geeignet für Adsorptionsanalysen.

Grundlösung M: 4,7 g LiOH
2000 cm³ H_2O dest.

geeignet für die Bestimmung schwer reduzierbarer organischer Substanzen.

Grundlösung N: 10,7 g NH_4Cl
4,76 g $CoCl_2 \cdot 5\ H_2O$
50 cm³ NH_3 konz.
2000 cm³ H_2O dest.

geeignet für die Bestimmung von Phytoalbuminen.

Grundlösung O: 0,1 g NaCl
2000 cm³ H_2O dest.

geeignet für Adsorptionsanalysen.

Grundlösung P: 1800 cm³ ges. NH_4Cl
200 cm³ Tyloselösung (wie oben)

geeignet u. a. für die Bestimmung von Blei und kleinen Mengen Ferrieisen.

Grundlösung Q: 65 g KCN
2000 cm³ H_2O dest.

geeignet für die Bestimmung von Kobalt und Nickel nebeneinander.

Grundlösung R: 1800 cm³ NH_3 konz.

200 cm³ Tyloselösung (wie oben)

gesättigt an Na_2SO_3

geeignet u. a. für die Bestimmung von kleinsten Spuren Kadmium in Zink.

Das Sulfit gestattet das Arbeiten mit höchsten Galvanometerempfindlichkeiten, ohne daß ein Vertreiben der gelösten Luft nötig wäre.

In der Literatur finden sich oftmals Angaben, nach welchen leicht Grundlösungen zusammengestellt werden können. Es seien angeführt:

für As und Sn [HEYROVSKY (*5*)]: verdünntes $Ba(OH)_2$;

für Cu, Bi, Pb, Cd [SUCHY (*60*)]: 10 proz., schwachalkalische Seignettesalzlösung;

für K, Na, Li, NH_4 [MAJER (*65, 66, 67*)]: das käufliche $(CH_3)_4 NOH$;

für Kolloidanalysen [HEYROVSKY und DILLINGER (*150*)]: n/100 $NiCl_2$, halbgesättigtes TlCl;

für Eiweißschwefel [BRDICKA (*140*)]: n/10 NH_3, n/10 NH_4Cl, n/1000 $[Co(NH_3)_6]Cl_3$;

für Öluntersuchungen [GOSMAN (*100, 103*)]: 0,01 n-LiCl in Methanol; 0,01 n-$CuSO_4$, 0,02 n-H_2SO_4 in Methanol.

2. Die qualitative Koordinate.

a) Das Halbwellenpotential. Jede chemische Reaktion ist bekanntlich mit einer ganz bestimmten Änderung der Freien Energie ΔF des Systems verknüpft, so daß man z. B. eine elektrochemische Reduktion zu schreiben hat:

$$A^+ + \ominus = A + \Delta F,$$

wobei der für 1 Äquivalent umgesetzte Betrag ΔF für die Reaktion charakteristisch ist. Nach dem ersten Hauptsatz der Thermodynamik ist die Änderung der Freien Energie gleich dem Umsatz an elektrischer Energie

$$\Delta F = 96540 \cdot E,$$

so daß also auch E, der Wert der Reduktionsspannung, für die Reaktion und damit für die reduzierbare Substanz charakteristisch ist. Muß die freie Energie aufgebracht werden, d. h. handelt es sich um unfreiwillige Reduktionen, so muß das Reduktionspotential von außen her dem Elektrolysensystem aufgezwungen werden. Die Spannung, bei welcher sich polarographisch das Einsetzen der Reduktion durch einen Stromanstieg anzeigt, ist also ein qualitativer Test für die Anwesenheit der betreffenden reduzierbaren Substanz und die Spannungskoordinate im Polarogramm kann als qualitative Koordinate bezeichnet werden.

Zur genauen Definition der Reduktionsspannung müssen aber eine Reihe von Punkten ins Auge gefaßt werden, welche Einfluß auf den Wert von ΔF haben. Zunächst ist hier die *Konzentrationsabhängigkeit* zu nennen; eine Reduktion kann sozusagen um so leichter erzwungen werden, in je größerer Menge der reduzierbare Stoff vorhanden ist. Bekanntlich wird die Änderung eines Potentials mit der Konzentration durch die Formel

$$E_c = -E_0 + \frac{R\,T}{n\,F} \ln c$$

beschrieben, so daß also das Reduktionspotential um so positiver sein muß, je größer die Konzentration der reduzierbaren Substanz ist; der Stromanstieg im Polarogramm tritt um so „früher" ein. Durch Einsetzen der Zahlenwerte in der obigen Formel ersieht man, daß bei Zimmertemperatur, einem einwertigen Ion und einer Konzentrationserhöhung auf das 10fache die Linksverschiebung 58 mV, also 3 mm bei den üblichen polarographischen Arbeitsbedingungen ausmacht. Es läßt sich nun aber zeigen, daß eine polarographische Stromstufe bei Konzentrationserhöhung nicht nur früher beginnt, sondern auch um den gleichen Voltbetrag später aufhört, so daß die Mitte der Stromstufe keine Verschiebung mit der Konzentration erfährt. HEYROVSKY und ILKOVIC (*173*) haben das Potential der halben Wellenhöhe „Halbwellenpotential" genannt und vorgeschlagen, die qualitative Charakterisierung einer polarographischen Stromstufe durch dieses Potential vorzunehmen. In einem Übersichtsdiagramm am Ende dieser Schrift sind alle Halbwellenpotentiale durch den Buchstaben h gekennzeichnet; die übrigen Potentiale des Diagramms sind Tangentenpotentiale[1], welche nur zur Orientierung dienen sollen; sie sind konzentrationsabhängig.

Selbstverständlich bereitet es keine Schwierigkeit, derartige Halbwellenpotentiale selbst zu bestimmen, wenn der Wert des Ruhepotentials bekannt ist. Dabei ist zu beachten, daß eine Potentialangabe bekanntlich immer nur relativ ist, d. h. mit bezug auf eine zweite Vergleichselektrode gemacht werden muß; es ist üblich, das Potential einer einnormalen Kalomelelektrode als polarographisches Nullpotential zu definieren. Beträgt der Halbwellenabstand einer Welle vom Beginn der Kurve P_a Volt und wird das Ruhepotential gegen eine einnormale Kalomel-

---

[1] Vgl. S. 50.

elektrode mit P_r Volt gemessen, so ergibt sich für das Halbwellenpotential P_h

$$P_h = P_a + P_r \, .$$

Den Wert von P_a erhält man in Volt aus den zwischen Kurvenbeginn und halber Wellenhöhe gemessenen Millimetern a dadurch,
daß man den Wert a mit der Gesamtlänge A des Polarogramms
und der angewendeten am Voltmeter abgelesenen Walzenspannung
E in Beziehung setzt:

$$\frac{P_a}{E} = \frac{a}{A} \, .$$

Um den Wert a möglichst genau messen zu können, wird man die
Walzenspannung klein wählen, also 2 oder gar nur 1 Volt. Wie
die Konzentrationsabhängigkeit der Reduktionspotentiale den
Grundsatz der Massenwirkung für die reduzierbare Substanz
selbst anzeigt, so beobachtet man einen ähnlichen Effekt hin-
sichtlich der *Wasserstoffionenkonzentration* bei organischen Reduktionen, welche unter Wasserstoffaufnahme vonstatten gehen.
Je kleiner die Wasserstoffionenkonzentration ist, um so negativer
liegt das Reduktionspotential. Beispielsweise beginnt die polarographische Reduktion der Maleinsäure ebenso wie die der Fumarsäure in n/10 Salzsäure bei 0,54 Volt; in neutralen Lösungen aber
wird die Fumarsäure erst bei 1,7 und die Maleinsäure bei 1,9 Volt
angezeigt, so daß ihre gleichzeitige Bestimmung möglich ist (*93*).
Der p_H-Variation kommt für die organische Polarographie als
Trennungsmethode eine ähnliche Bedeutung zu, wie der Komplextrennung in der Metallanalyse. Im Diagramm der Reduktions-
spannungen ist darum für jede organische Substanz außer ihrem
Reduktionspotential auch das dazugehörige p_H angegeben.
Bei der Bestimmung von Nitrat (s. später) ist das Reduktionspotential um so negativer, je geringer die Lanthankonzentration
ist. Da die Nitratanionen nur mit Hilfe der Lanthankationen zur
Kathode gebracht werden können, muß sich eine solche Massenwirkung bemerkbar machen.

Ein weiterer Umstand, welcher den Wert eines Reduktionspotentials beeinflußt, ist die *Art des Ionenzustandes*, in welchem
die zu reduzierende Substanz in der Lösung vorliegt. Wie erwähnt
bestehen große energetische Unterschiede zwischen einfachen
und komplexen Ionen; stets ist der Gehalt an freier Energie
bei den letzteren geringer, so daß sie höhere Reduktionspotentiale
eigen. Es sei darauf hingewiesen, daß mitunter auch durch das
Beruhigungskolloid eine kleine Wellenverschiebung nach rechts
eintreten kann, wenn im Analysenansatz eine Anlagerung von

Kolloid und reduzierbarer Substanz stattfindet (z. B. Zink und Tylose).

b) Die Leitern. Bei dem häufigsten Sonderfall der polarographischen Analyse, der Bestimmung der Metallkationen, fällt auf, daß die einzelnen Gruppen des qualitativen Schwefelwasserstoffganges sich auch in den Polarogrammen als die gleichen Gruppen wiederfinden. Gleich zu Beginn der Kurven bis etwa 0,8 Volt liegen die Stufen der Kupfer- und Arsengruppenmetalle, daran schließt sich die Eisengruppe bis ungefähr 1,9 Volt an und darauf folgen die Alkali- und Erdalkalimetalle. In der organischen Polarographie werden der Reihe nach angezeigt: Nitrogruppen bis 0,4 Volt, daran anschließend konjugierte Doppelbindungen bis 0,7 Volt, dann Imide und Ketone bis 1,3 Volt, Aldehyde und Ketosen bis 1,8 und Amine bis 1,9 Volt. Es ist selbstverständlich, daß in einem Spannungsbereich von 2 Volt, wie er bei polarographischen Analysen meist zur Verfügung steht, nicht eine beliebige Zahl von beliebigen Substanzen angezeigt werden kann. Nimmt man den durchschnittlichen Raumbedarf einer Stromstufe mit 0,2 Volt an, so könnten höchstens 10 Bestandteile des Elektrolyten gleichzeitig erfaßt werden, unter der Voraussetzung, daß ihre Halbwellenpotentiale jeweils um 0,2 Volt von der vorhergehenden und der nächstanschließenden Welle entfernt sind; so günstige Verhältnisse werden aber bei einem praktischen Analysenansatz kaum jemals vorkommen. Liegen die Halbwellenpotentiale zweier zu bestimmender Substanzen zu enge beisammen, so lassen sie sich natürlich nicht nebeneinander bestimmen, auch wenn der übrige Spannungsbereich der polarographischen Kurve Raum für mehrere Wellen bietet. Wie schon mehrfach erwähnt, wird man in solchen Fällen durch Anwendung geeigneter Grundlösungen eine polarographische Trennung zu erreichen suchen oder eine regelrechte chemische Gruppentrennung vor die eigentlichen polarographischen Bestimmungen vorschalten müssen.

Von jeder Grundlösung, mit welcher ein Polarographiker arbeitet, wird er die Halbwellenpotentiale derjenigen Stoffe bestimmen, welche bei seinen analytischen Arbeiten vorzukommen pflegen. Diese Halbwellenpotentiale werden im Maßstab des Polarogramms auf Millimeterpapier oder auf Zellophanstreifen, ähnlich wie die Linien eines Spektrums aufgetragen; die so entstandenen Meßstreifen nennen wir die Leitern der Grundlösungen. In der qualitativen Polarographie legt man diese Leitern auf die Abszisse des erhaltenen Polarogramms auf, um festzustellen, mit welchen Strichen der Leitern die Halbwellenabstände der

Stromstufen übereinstimmen, und kann so die Art der in der Lösung vorhandenen Stoffe erkennen.

Ruhepotential und Endanstieg wurden bereits mehrfach als die Begrenzung der polarographischen Kurve erwähnt. Obwohl die Grundlösung prinzipiell den polarographischen Charakter des ganzen Analysenansatzes bedingen soll, genügt es nicht, die Leitern auf den Kurvenbeginn zu beziehen und so das Halbwellenpotential als Abstand vom Ruhepotential zu definieren. Dieses kann nämlich mitunter auch durch kleine Mengen von Anionen, welche mit der Probe in die Grundlösung kommen, beeinflußt werden, z. B. durch Stannitionen. Der Abstand der einzelnen Halbwellenpotentiale voneinander ist aber konstant; um eine Bezugslinie zu erhalten, nimmt man die einzelnen Halbwellenpotentiale in Lösungen auf, welche alle eine Welle gemeinsam enthalten. So wurden die Leitern der Grundlösung C (Abb. 15) auf das Halbwellenpotential des Kupfers bezogen; bei qualitativen Analysen wird man also dem Analysenansatz etwas Kupfer zusetzen, falls dieses nicht schon an und für sich in der Probe vorhanden ist, und so ohne Berücksichtigung des Ruhepotentials sichere Aussagen treffen können. Ist die Gruppe Ni, Co, Zn nur mit

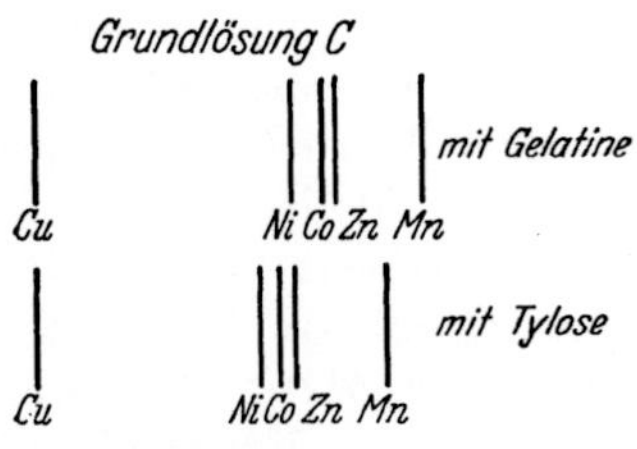

Abb. 15. Halbwellenleitern zur qualitativen Analyse.

einem Metall vertreten, so kann dieses auf Grund des Halbwellenpotentials ohne weiteres identifiziert werden, obwohl die einzelnen Potentiale ziemlich eng zusammenliegen. Eine gleichzeitige Bestimmung der drei Metalle in Grundlösung C ist jedoch nicht möglich, man wird vielmehr die gleiche Probe außerdem noch in einer Grundlösung von Ammonoxalat (5) aufnehmen, in welcher nur das Zink erscheint, und in Kaliumzyanid (48), in welchem Kobalt und Nickel voneinander unterschieden werden[1].

Ein Ion, dessen Reduktion sich infolge seiner Unfähigkeit zur Komplexbildung besonders gut als Bezugswelle für Leitern und qualitative Analysen eignet, ist das einwertige Thallium, dessen Halbwellenpotential mit 0,49 Volt in sauren, alkalischen und zyankalischen Lösungen gleich ist; außerdem ist auch die Lage der Thallowelle im ersten Teil der polarographischen Kurve günstig, so daß eine gesättigte Lösung von Thallochlorid als

---

[1] Vgl. die Versuche 23 u. 24 auf S. 75 f.

Indikator für den Polarographiker wohl ebenso wichtig ist wie eine Phenolphthaleinlösung.

Die wesentlichste Voraussetzung für eine einwandfreie qualitative Analyse mit dem Polarographen ist die genaue Kontrolle der Walzenspannung durch das Voltmeter. Beträgt die Walzenspannung statt 4 nur 3,9 Volt, so würde man z. B. in der Grundlösung C das Kobalt für Zink ansehen müssen. Eine weitere Forderung ist die nach möglichst verdünnten Probeansätzen; bei hohen Stromstärken und kleiner Tropfgeschwindigkeit wird die Tropfelektrode aus einer Quecksilberkathode zu einer Amalgamelektrode und die Reduktionspotentiale, welche natürlich von der chemischen Natur der Elektrode abhängen müssen, erfahren kleine Änderungen[1]. Als Faustregel kann gelten, daß qualitative Analysen unsicher werden können, wenn sie mit kleineren Galvanometerempfindlichkeiten als $^1/_{100}$ aufgenommen werden.

Eine Polarographierung mit sehr kleinen Galvanometerempfindlichkeiten über den Endanstieg hinaus ist nicht nur sinnlos, sondern auch schädlich für die Kapillare, da das Quecksilber trotz des Abtropfens bis weit in den Kanal hinein amalgamiert und der Tropfenfall so unreproduzierbar wird. Ebenso ist es unmöglich, in sauren Lösungen noch über den Wasserstoffanstieg hinaus zu polarographieren; die Kurven sind nach der Wasserstoffwelle völlig unregelmäßig und gestört, weil sich die Tropfenoberfläche mit Wasserstoff belädt und die wirksame Kathodenoberfläche in unreproduzierbarer Weise verringert wird.

3. Die quantitative Koordinate.

a) Definition der Wellenhöhe. Ebenso wie die Technik der qualitativen Polarographie bewußt auf die absolute Bestimmung von Potentialwerten verzichtet und lediglich nach Eineichung mit bekannten Lösungen durch Leiternvergleiche ihre Aussagen trifft, bestimmt man auch bei quantitativen Analysen nicht etwa die tatsächliche Größe des fließenden Stromes oder die Menge der in der Zeiteinheit abreagierenden Substanz, sondern man schließt aus den bei bekannten Konzentrationen auftretenden Wellenhöhen auf die Wellenhöhe unbekannter Konzentrationen.

Die Definition der Wellenhöhen ist an sich nicht einfach, da eine polarographische Treppenkurve nicht aus scharfgewinkelten Stufen, sondern aus runden, S-förmigen Stromanstiegen besteht und der endgültige konzentrationsproportionale und konstante

---

[1] Vgl. den Versuch 16 auf S. 69.

Diffusionsstrom oft durch den Beginn der nächsten Welle überlagert wird. Man hat vorgeschlagen, die Wellenhöhe als den Abstand der Berührungspunkte zweier 45°-Tangenten, welche an den Beginn und das Ende des Anstieges gelegt werden, festzusetzen [Heyrovsky (*12*)]; durch mathematische Analyse findet man, daß eine polarographische Welle ihre größte Krümmung im Berührungspunkt mit einer unter 35° 16′ angelegten Tangente besitzt, so daß auch solche Tangenten zur Definition der Wellenhöhe verwendet werden [Semerano (*6*)]. Tatsächlich ist die Art, nach der die Ausmessung der Wellenhöhe erfolgt, für das Analysenresultat unerheblich; es muß lediglich gefordert werden, daß alle Analysenpolarogramme in der gleichen Manier ausgemessen werden wie die Eichaufnahmen, auf welche sie bezogen werden.

Je nach der Kurvengestalt wird man zwischen drei Ausmeßmöglichkeiten zu wählen haben: der eben beschriebenen *Tangentenmethode* (Antimon in Grundlösung E, Abb. 31), der *Schnittpunktsmethode* (Zink in Grundlösung D, Abb. 16) und der *Methode der vollen Ausmessung* (Kadmium in Grundlösung A, Abb. 24). Die letzte Methode besteht darin, daß vor und nach der Stromstufe durch die waagerechten Kurventeile eine Linie gelegt wird, und zwar durch die Mitte der Oszillationen; sie eignet sich nur für schön ausgebildete Wellen in nicht zu verdünnten Lösungen. Die Schnittpunktsmethode ist sehr allgemein anwendbar und besteht darin, daß längs der Oszillationenmitte durch die geraden (aber nicht unbedingt waagerechten) Kurventeile vor und nach der Welle je eine Linie gelegt wird, ebenso auch durch das steile Mittelstück der Welle. Die beiden Schnittpunkte definieren die Wellenhöhe.

b) Die Eichkurven. Der Polarograph zeigt, im Gegensatz zu den althergebrachten elektrolytischen Methoden, nicht absolute Mengen, sondern Konzentrationen an; alle quantitativen Analysenansätze müssen darum volummäßig definiert sein. Der Polarographiker soll eine Reihe von Meßkolben gleichen Inhalts (am besten 50 cm³) vorrätig haben, alle zu analysierenden Lösungen in diesen Meßkolben auf gleiches Volumen bringen und dann stets 5 cm³ Probe in 20 cm³ Grundlösung pipettieren. Hat man auch die Eichungen bei gleichen Volumina ausgeführt, so verhalten sich die Wellenhöhen nicht nur wie die Konzentrationen, sondern auch wie die absoluten Mengen.

Für die Eichung selbst bestehen zwei Möglichkeiten, die Herstellung von Eichdiagrammen bei Serienbestimmungen und der Eichzusatz bei Einzelanalysen. Ein *Eichdiagramm*, z. B. von Nickel in Grundlösung C, wird ein für allemal erhalten, wenn man sich mehrere Analysenansätze mit genau bekannter Nickelmenge (etwa fünfmal 50 cm³, enthaltend 10, 20, 30, 40, 50 mg Ni^{++} herstellt und die Höhen der Nickelwellen bestimmt, welche nach Zugabe von 5 cm³ Probe in 20 cm³ Grundlösung auftreten[1]. Die Konzentrationen der Eichlösungen sind so zu wählen, daß sie den für die eigentlichen Analysen zu erwartenden Nickelmengen entsprechen, die Aufnahmen erfolgen mit solchen Galvanometerempfindlichkeiten, daß möglichst große Stromstufen erhalten werden. Man trägt die auf die höchste angewendete Empfindlichkeit umgerechneten Wellenhöhen auf Millimeterpapier gegen die bekannten Nickelmengen auf und wird meist feststellen, daß alle Meßpunkte auf einer Geraden liegen, welche etwas vor dem Nullpunkt im Abstand a die Mengenkoordinate schneidet; dies bedeutet, daß zur genauen Konzentrationsproportionalität der Wellenhöhen noch ein kleines konstantes Korrekturglied erforderlich ist, also daß sich die gesuchte Menge x aus der Wellenhöhe h berechnen läßt nach

$$x = \frac{dx}{dh} \cdot h + a \, .$$

Praktisch wird man einfach die gesuchten Nickelmengen jedesmal aus dem Eichdiagramm ablesen. Diese Methode stellt mit einem durchschnittlichen Fehler von $\pm 1\%$ des zu bestimmenden Wertes die weitaus genaueste quantitative Analysenart dar. Im Anhang befindet sich als Beispiel ein Eichdiagramm für die quantitative Analyse des Messings auf Cu, Zn, Ni, Pb und Fe.

Bei Einzelanalysen würde sich die Anfertigung von Eichdiagrammen nicht lohnen; man nimmt vielmehr zunächst die zu analysierende Welle in der Probelösung mit geeigneter Empfindlichkeit auf, setzt dazu ein bekanntes Volumen einer Lösung, welche die zu bestimmende Substanz in bekannter Menge enthält, polarographiert nochmals und berechnet aus den beiden Wellenhöhen die in der ursprünglichen Lösung vorhandene Menge nach der leicht abzuleitenden Formel

$$x = \frac{A \cdot m \cdot ccm + \cdot ccm_1 \cdot ccm_2 \cdot W_1}{1000 \cdot ccm_2 \cdot (W_2 \cdot ccm_2 - W_1 \cdot ccm_1)} \, .$$

Dabei bedeuten:

A das Atom- bzw. Molekulargewicht des gesuchten Stoffes,
m die Molarität der zugesetzten Eichlösung,
ccm_1 das Volumen der ursprünglichen Lösung,

---

[1] Schaltet man den Polarographen in die serienmäßige industrielle Betriebskontrolle ein, so kann man auf die erwähnten Eichlösungen natürlich verzichten und gewinnt die Eichaufnahmen einfach dadurch, daß man einige der üblichen Analysen polarographisch wiederholt.

ccm_+ das zugesetzte Volumen der Eichlösung,
ccm_2 das endgültige Gesamtvolumen,
W_1 die ursprüngliche Wellenhöhe,
W_2 die endgültige Wellenhöhe,
x die gesuchte, in der Probe enthaltene Menge in Grammen.

Diese *Methode des Eichzusatzes* arbeitet mit einem durchschnittlichen Fehler von 3%. Als Beispiel ist in Abb. 16 eine Zinkbestimmung angeführt; in einer Grundlösung von $n/2$ Li_2SO_4 und 5% Leim waren neben Cu, Tl und Mn noch 5,4 mg Zn vorhanden; gefunden wurden 5,27 mg. Nur für Mikroanalysen zu

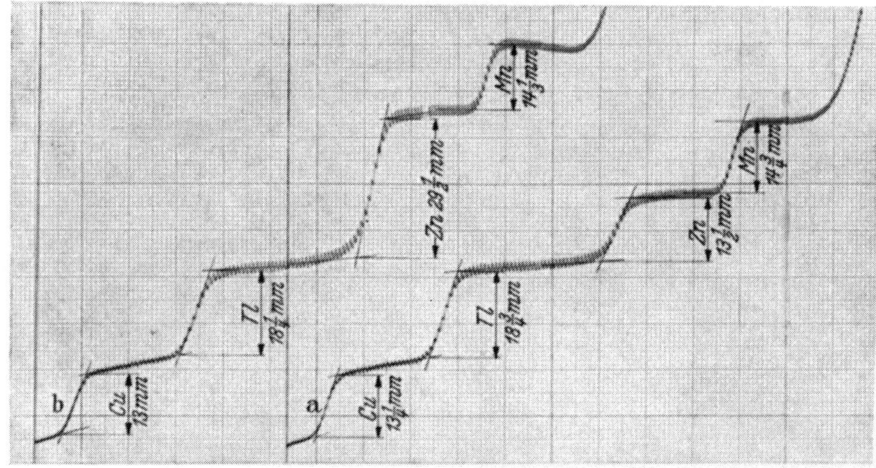

Abb. 16. Bestimmung von Zink durch Eichzusatz.
a Probe und Grundlösung, *b* dieselbe Lösung nach Eichzusatz.

empfehlen ist die *Analyse ohne Eichungen (12)*. Man geht dabei von der Voraussetzung aus, daß die Wanderungsgeschwindigkeiten aller einfacher Kationen mit Ausnahme des Wasserstoffs ungefähr gleich ist und bestimmt ein für allemal lediglich die Wellenhöhe eines einzigen, beliebigen, in bekannter Konzentration vorhandenen Kations. Man erhält mit einer bestimmten Kapillare z. B. in einer Lösung von der Bleikonzentration 10^{-3} mit der Empfindlichkeit $^1/_{10}$ eine 98 mm hohe Welle; bei voller Galvanometerempfindlichkeit wäre sie also 980 mm und eine Wellenhöhe von 1 mm entspräche einer Konzentration von $1,24 \cdot 10^{-6}$. Alle analytisch erhaltenen Wellenhöhen können auf volle Galvanometerempfindlichkeit umgerechnet werden und liefern, mit $1{,}24 \cdot 10^{-6}$ multipliziert, die ungefähre Konzentration des Analysenansatzes. Diese Methode versagt in komplexbildenden Grundlösungen und unnormalen Analysenansätzen und ist infolge ihrer Fehlergrenze von mindestens $\pm 4\%$ nur mehr für nährungsweise Analysen zu gebrauchen.

c) Die gleichzeitige Bestimmung mehrerer Lösungsbestandteile. Aus dem bisher Gesagten hat sich ergeben, daß die Bestimmung mehrerer Komponenten einer Probe entweder in einer einzigen polarographischen Grundlösung als Mehrwellenaufnahme oder in mehreren geeigneten Grundlösungen in Einwellenaufnahmen erfolgen muß. Als Bedingung für die Möglichkeit der Mehrwellenaufnahme wurde bereits die Forderung erwähnt, daß der Raumbedarf jeder einzelnen Welle befriedigt sein muß; dieser hängt sowohl von der Grundlösung wie von der Art und Konzentration des zu bestimmenden Stoffes ab und beträgt $80 \ldots 400\,\mathrm{mV}$, so daß auch eine gleiche Differenz der Halbwellenpotentiale nötig ist (vgl. das Diagramm der Reduktionspotentiale). Außerdem spielt mitunter aber auch das Mengenverhältnis eine Rolle; werden die in kleinerer Menge vorhandenen Substanzen *vor den Hauptmengen* reduziert, so kann man die Lösung zweimal polarographieren, die Spuren mit großer und die Hauptmengen mit kleiner Empfindlichkeit. Im ersten Falle sind die Spuren gut ausmeßbar und die Hauptmengen treten nur als Endanstieg in Erscheinung[1], im zweiten Falle werden die Hauptmengen bestimmt und die Spuren sind nicht oder nur schlecht zu erkennen. Das Mengenverhältnis ist in solchen Fällen gleichgültig.

Anders ist es, wenn die Spuren *nach den Hauptmengen* reduziert werden; da der polarographisch aufgezeichnete Strom bei jeder Spannung die Summe aller bisher aufgetretenen Stromstufen ist, können unedlere Spuren nicht mehr mit beliebig großer Empfindlichkeit aufgenommen werden, da bei ihrem Reduktionspotential der fließende Strom der edleren Hauptmengen wegen schon zu groß ist. Durch Verschieben des Polarographen auf seinen Schienen nach rechts kann man wohl noch gute Aufnahmen von Lösungen erzielen, bei welchem die edlere Hauptmenge den zu bestimmenden unedleren Lösungsbestandteil bis um das dreißigfache übertrifft, doch wird die Genauigkeit der Bestim-

---

[1] Liegen die Hauptmengen in besonders hoher Konzentration vor, so macht sich der Endanstieg schon viel früher als Anlaufstrom bemerkbar, besonders wenn mit hohen Galvanometerempfindlichkeiten gearbeitet werden muß; man erhält einen sehr flachen, kontinuierlichen Stromanstieg, dem polarographische Stromstufen sozusagen überlagert sind. Für die Wellenvermessung kommt hier nur die Schnittpunktsmethode in Betracht.

mung kleiner als sonst sein, da man Wellenhöhen über 1 cm nicht erzielen kann. Der perspektivische Fehler durch den schräg-einfallenden Lichtstrahl und der bei so großen Ausschlägen mögliche rein galvanometrische Fehler sind infolge der kleinen Wellenhöhe im Großen und Ganzen zu vernachlässigen.

Besser als diese Aufnahmen bei seitlich verschobenem Polarographen ist die Verwendung eines Kompensators (vgl. S. 20); dann kann man kleine, nach größeren Wellen kommende Stromstufen mit fast beliebig großen Empfindlichkeiten aufnehmen, da ja der den Hauptwellen entsprechende Strom abkompensiert wird. Allerdings ist die Kompensation nur dann möglich, wenn der zur Hauptwelle gehörende Diffusionsstrom sehr gleichmäßig ist, was nicht immer zutrifft; auch hat man mit großen Oszillationen zu rechnen, die dem unterdrückten Diffusionsstrom entsprechen und natürlich nicht mitkompensiert werden. Handelt es sich um die Bestimmung sehr kleiner Spuren neben edleren Hauptmengen, so wird man am besten eine chemische Vortrennung vor der eigentlichen polarographischen Bestimmung ausführen, wobei es aber nicht auf eine völlige Trennung, sondern nur auf eine Angleichung der Konzentrationen ankommt. So wird man zur Bestimmung kleiner Mengen Blei in Kupfer das Blei mit Ammonkarbonat ausfällen und abfiltrieren, dann aber ohne auszuwaschen und ohne Rücksicht auf evtl. mitgerissenes Kupfer sofort vom Filter weg wieder auflösen, da kleine Kupferkonzentrationen wohl in der Kurve angezeigt werden, die Bleiwelle aber nun mit geeignet großer Empfindlichkeit aufgenommen werden kann und eine Koinzidenz der beiden Wellen nicht besteht.

Hat man keine Möglichkeit zur Mehrwellenaufnahme, so müssen geeignete Grundlösungen gesucht werden, welche Einwellenaufnahmen ohne vorherige chemische Trennung gestatten; ist auch dies nicht möglich, so muß die Analysenprobe in ihre Komponenten oder in Komponentengruppen geschieden werden. Im allgemeinen wird man mit dem üblichen Gang auskommen; in der Literatur ist beschrieben die gleichzeitige Bestimmung

von Cu, Bi, Pb, Cd in der Kupfergruppe [Hg muß fehlen (*60*)],
von Fe, Al, Cr in der Eisengruppe [dreiwertige Metalle (*61*)],
von Co, Ni, Zn, Mn in der Eisengruppe (zweiwertige Metalle (*61*)],
von Ca, Sr, Ba in der Erdalkaligruppe [Mg muß fehlen (*53*)].

Dennoch ist der Schwefelwasserstoffgang nur als vorläufiger Behelf anzusprechen, da die gleiche gruppenmäßige Zusammenfassung, wie erwähnt, im Polarogramm wiederkehrt, die Metalle jeder Gruppe also untereinander recht ähnliche Reduktionspotentiale haben und eng zusammenliegen. Wünschenswert wäre der Versuch, chemische Trennungen zu finden, durch welche Metalle mit möglichst verschiedenen Halbwellenpotentialen in Gruppen zusammengefaßt werden.

4. Einige Versuche zur Einführung in die Analysentechnik.

Aus dem bisher Gesagten ergab sich, daß der Polarographie wie jeder anderen analytischen Methode in der Anwendung bestimmte Grenzen gesetzt sind und es ist Aufgabe der jeweiligen Arbeitsvorschriften, das analytische Problem den polarographischen Forderungen anzupassen. Im folgenden soll zur Einübung eine kurze Übersicht über die Grundsätze gegeben werden, nach welchen derartige Vorschriften aufzustellen sind.

Wenn dabei hauptsächlich von Komplikationen die Rede sein wird, so dürfen die Schwierigkeiten der Polarographie nicht überschätzt werden. Die Methode ist leicht erlernbar; jede ungeübte Kraft kann mit den richtigen Grundlösungen sicher analysieren, die Ausarbeitung der Vorschriften wird jedoch dem geschulten Chemiker überlassen bleiben müssen.

Durch die Nacharbeitung der angegebenen charakteristischen Versuche erwirbt man sich rasch das nötige Verständnis für den polarographischen Prozeß, um selbständig chemisch-polarographische Entwicklungsarbeit leisten zu können.

Als erster Grundsatz hat zu gelten, *daß die zu bestimmenden Stoffe in einer den Strom leitenden Lösung vorliegen, an die Oberfläche der Tropfelektrode gelangen können und reduzierbar sein müssen,* ob es sich nun um die Bestimmung von Ionen, undissoziierten organischen Substanzen oder gelösten Gasmolekülen handelt. In der Regel ist die Tropfelektrode, deren elektrochemischer Umsatz in der polarographischen Kurve registriert wird, als Kathode geschaltet, also zeigt der Polarograph zunächst nur Kationen an; durch geeignete Grundlösungen können aber auch Anionen zur Kathode geführt werden und durch die molekulare Wärmebewegung in der Lösung wandern auch elektrisch neutrale Moleküle an die Kathodenoberfläche. Der Polarograph unterscheidet zwischen echten Ionenlösungen und scheinbaren Lösungen, in welchen etwa durch Hydrolyse Kolloide gebildet und so der Registrierung entzogen werden. Dies ist für die polarographische Spurensuche wichtig: so gelingt es in sauren Lösungen wohl, Blei oder Kadmium in einer Konzentration von $5 \cdot 10^{-7}\,n$ noch nachzuweisen, während in neutraler Lösung infolge Hydrolyse die Wellen bereits bei $10^{-5} \ldots 10^{-6}$ verschwinden.

Versuch 1: Etwa 10 mg Manganosalz und 0,3 g Ammonchlorid werden in 10 ccm Wasser gelöst, mit 2 ccm konzentriertem Ammoniak und 1 ccm einprozentiger Gelatinelösung versetzt und mit Empfindlichkeit 1/100 offen an der Luft im Spannungsbereich 1,4—1,8 Volt polarographiert. Alle Viertelstunden wird die Lösung neu aufgenommen; schon lange, bevor eine Abscheidung von Braunstein bemerkbar wird, vermindert sich die Wellenhöhe allmählich, da die Hydrolyse des Salzes unter dem Einfluß des Luftsauerstoffes langsam fortschreitet. Eine verläßliche Manganbestimmung in ammoniakalischer Grundlösung ist aber bei Gegenwart eines großen Überschusses von Ammonsalz durchaus möglich, da die Braunsteinbildung im sehr schwach alkalischen Medium nur mehr äußerst langsam vor sich geht. Diesem Umstand trägt die Zusammensetzung der Grundlösung C Rechnung.

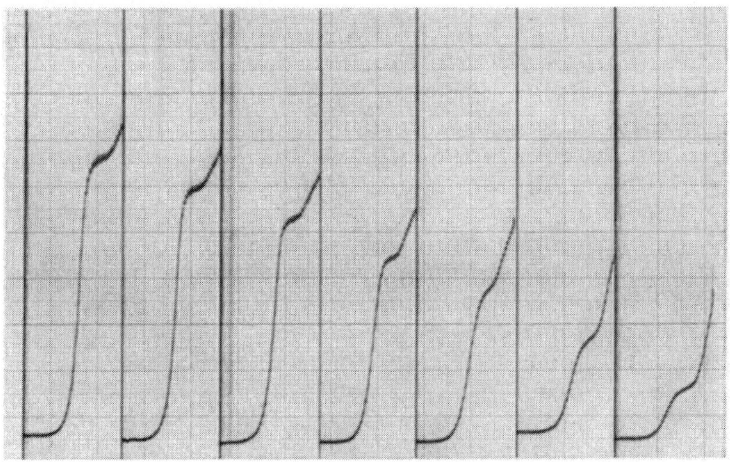

Abb. 17. Lösung mit langsamer Reaktion. Eine manganhaltige Lösung von Ammoniak und Ammonchlorid in Abständen von je 15 Minuten aufgenommen. Empfindlichkeit 1/100, Meßspannung 1,4—1,8 Volt.

Die Bestimmung von Anionen, welche im elektrischen Felde von der Kathode fortwandern müssen, ist durch einen Kunstgriff möglich gemacht. In Lösungen mehrwertiger Kationen, wie Al, Th, La, bleibt ein Teil der Anionen, z. B. Nitrat, undissoziiert mit dem Kation verbunden, so daß positive Ionen von der Art $LaNO_3{}^{++}$ unter dem Einfluß des elektrischen Feldes zur Kathode wandern und den Nitratrest mit sich führen. Damit ein Anion auf diesem Wege polarographisch bestimmbar ist, muß es aber auch reduzierbar sein.

Versuch 2: Grundlösung G wird mit Empfindlichkeit 1/200 von Null ab aufgenommen, dann einige Körnchen Natriumchlorid zugesetzt und nochmals polarographiert. Die Kurve hat sich nicht verändert, da das Chlorion nicht reduziert werden kann. Nun werden einige Körnchen Natriumnitrat zugegeben; es tritt eine Nitratwelle bei 1,6 Volt auf. Schließlich wird Grundlösung A, eine reine einnormale Natriumnitratlösung, unter den gleichen Bedingungen polarographiert; die Nitratwelle bleibt aus, da keine höherwertigen Kationen in der Lösung vorhanden sind.

Neutrale Moleküle liefern ebensolche Wellen wie Ionen, sofern sie nur elektrochemisch reduzierbar sind; dies gilt sowohl für organische Verbindungen (z. B. Azetaldehyd, Azobenzol) wie auch für anorganische Gase (z. B. Stickoxyd, Schwefeldioxyd). Besonders wichtig ist hier das Sauerstoffmolekül, welches infolge der Löslichkeit von Luft in Wasser in den meisten Elektrolyten

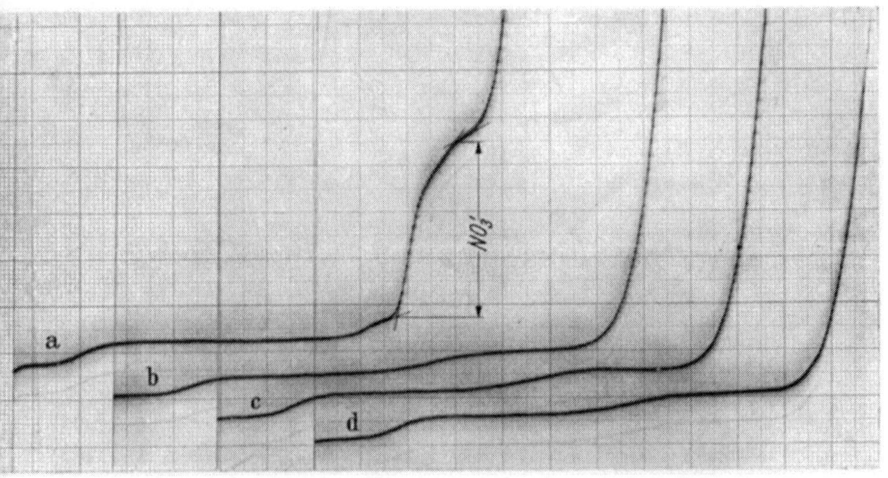

Abb. 18. Anionenreduktion. Die Nitratwelle tritt nur bei Anwesenheit mehrwertiger Kationen auf. *a* Grundlösung G + Nitrat, *b* Grundlösung G + Chlorid, *c* Grundlösung G ohne Zusatz, *d* Grundlösung A. Empfindlichkeit 1/100, Meßspannung von 0—2,0 Volt.

vorhanden ist, und zwar in der verhältnismäßig großen Konzentration von etwa 10^{-3} normal. Der Sauerstoff hat einen bedeutenden Einfluß auf die polarographischen Kurven; zunächst liefert er schon bei mittleren Galvanometerempfindlichkeiten zwei deutliche Wellen, welche durch ihre flachen Anstiege leicht von Ionenwellen zu unterscheiden sind; weiter bildet sich in verdünnten Ionenlösungen, bei Abwesenheit eines Stabilisierungskolloids, ein hohes Strommaximum über der ersten Welle aus und endlich werden die Oszillationen in der polarographischen Kurve um so ausgeprägter, je größer bei sonst gleichbleibenden Bedingungen der Sauerstoffgehalt der Lösungen ist.

Versuch 3: Man bereitet sich eine $^1/_{10}$ normale Lösung von Kochsalz und polarographiert 10 cm³ mit der Empfindlichkeit 1/50; die beiden Sauerstoffwellen und das Maximum geben der Kurve ihre Gestalt. Nun setzt man 1 cm³ einer 1proz. Tyloselösung als Beruhigungskolloid zu, wo-

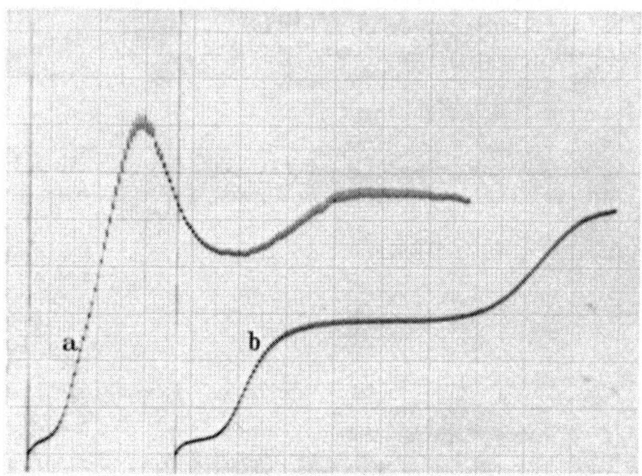

Abb. 19. Sauerstoffwellen. *a* ohne Stabilisierungskolloid, *b* mit Stabilisierungskolloid.

durch das Maximum verschwindet. Die Sauerstoffanstiege bleiben aber, wenn auch etwas verkleinert, bestehen.

Versuch 4: Die ursprüngliche Kochsalzlösung, welche keine Tylose enthält, wird 1 : 100 verdünnt; das Maximum hat sich um ein Vielfaches

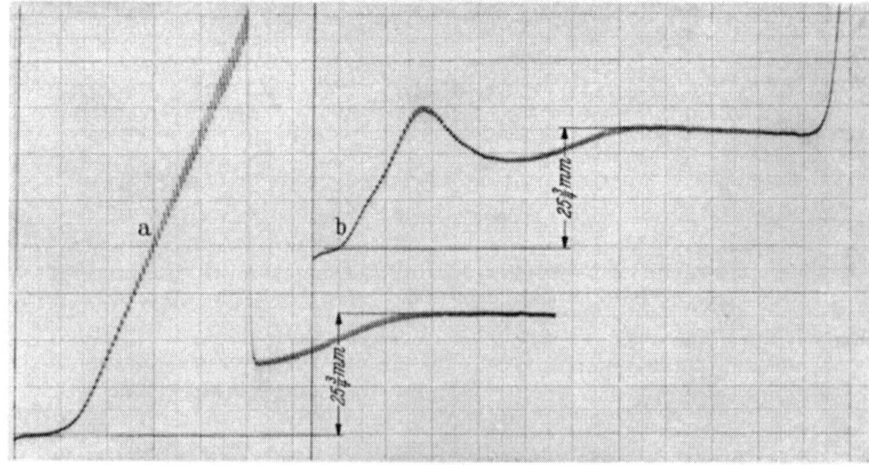

Abb. 20. Gestalt und Höhe eines Sauerstoffmaximums als Funktion der Fremdionenkonzentration. *a* das Maximum in $^1/_{1000}$ normalem Natriumchlorid, *b* dasselbe Maximum in $^1/_{10}$ normalem Natriumchlorid. Empfindlichkeit 1/100, Meßspannung von 0—2,0 Volt.

vergrößert, da die Maximahöhe eine Funktion der Gesamtionenkonzentration ist und mit steigender Konzentration abnimmt. In der Adsorptionsanalyse werden darum luftgesättigte, nur 1/1000 normale Lösungen verwendet.

Versuch 5: 1 cm³ der mit Tylose versetzten Lösung aus Versuch 3 wird in eines der kleinen, verschließbaren Elektrolysiergefäße gebracht und reiner Wasserstoff 10 Minuten lang durchgeleitet; die Sauerstoffwellen sind verschwunden. Nun wird ein Sauerstoffstrom durch die Lösungen geschickt und nochmals aufgenommen. Die Wellen sind fünfmal höher geworden als in der luftgesättigten Lösung.

Die Dauer des Gasdurchleitens hängt außer von der Art der Lösung auch stark von ihrer Menge ab; so genügen bei Volumina unter 1 cm³ wenige Minuten, während für größere Ansätze oft mehrere Stunden lang Wasserstoff durch die Lösungen geschickt

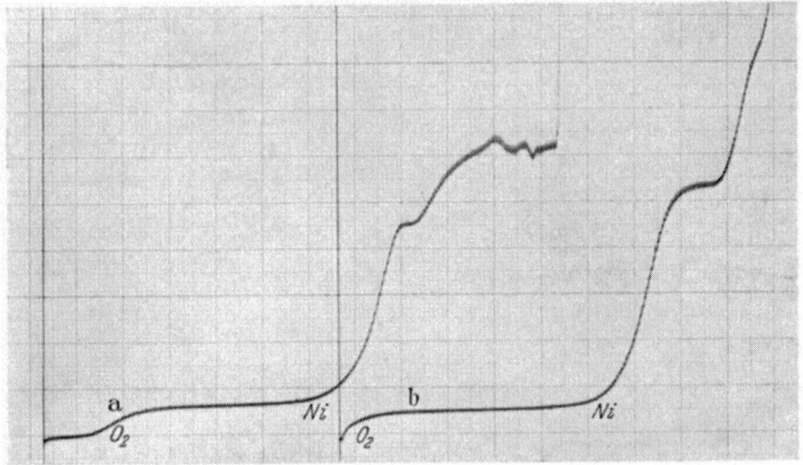

Abb. 21. Geeignete und ungeeignete Grundlösung. *a* die Nickelwelle in neutraler tylosehaltiger Lösung, *b* Nickel in ammoniakalischer tylosehaltiger Lösung. Empfindlichkeit 1/200, Meßspannung von 0 ab.

werden muß, bis die letzten Sauerstoffreste verschwunden sind. Darum wird man für Analysen in Abwesenheit von Sauerstoff stets möglichst kleine Ansätze verwenden.

Weiter muß gefordert werden, *daß das zu bestimmende Metall in definierter Form, also nicht in mehreren Ionenarten vorhanden ist.* Bei Ionen, welche zu Komplexbildungen neigen, wie Chrom oder Kobalt, erscheint in der polarographischen Kurve oft nicht ein einziger Stromanstieg, sondern mehrere ineinander verfließende Wellen, welche einen großen Platzbedarf haben und die qualitative Deutung der Kurve unmöglich machen können. Offenkundig rührt dies davon her, daß mehrere Ionenarten mit ähnlichen Reduktionspotentialen in der Lösung vorhanden sind. Es kommt auch vor, daß sich das Stabilisierungskolloid nicht indifferent gegen das zu bestimmende Metallion verhält und dadurch eine ungünstige Wellenform entsteht. Also ergibt sich die Forderung, von Fall zu Fall durch Zusatz geeigneter Anionen in nicht zu kleiner Konzentration den Ionentyp festzulegen und das verwendete Schutzkolloid auf seine Indifferenz zu prüfen.

Versuch 6: Zu 10 cm³ einer Grundlösung von $^1/_{10}$ normalem Kochsalz, die $1^0/_{00}$ Tylose enthält, wird $^1/_2$ cm³ einer $^1/_{10}$ molaren Lösung eines Nickelsalzes gegeben und mit Empfindlichkeit 1/200 von 0 ab aufgenommen; die Welle ist zweigeteilt, zeigt ein kleines Maximum und nimmt viel Platz im Polarogramm ein. Wird jedoch die gleiche Lösung zwecks Komplexbildung mit 2 cm³ konzentriertem Ammoniak und etwas Ammonchlorid versetzt, so nimmt die Nickelwelle eine regelmäßige, eindeutige Gestalt an.

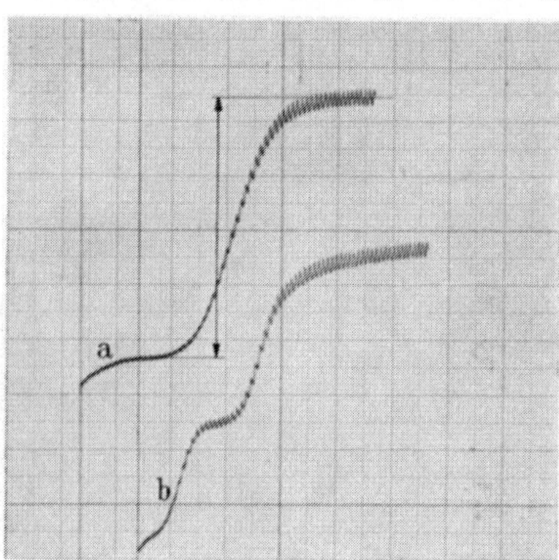

Abb. 22. Geeignete und ungeeignete Grundlösung. *a* die Kupferwelle in tylosehaltiger ammoniakalischer Grundlösung, *b* die Kupferwelle in ammoniakalischer gelatinehaltiger Grundlösung. Empfindlichkeit 1/200, Meßspannung von 0—1,0 Volt.

Versuch 7: Zu 20 cm³ einer Lösung von 10% Ammonchlorid in 2 normalem Ammoniak werden etwa 40 mg Kupfersalz gegeben. Die Lösung wird in zwei gleiche Teile geteilt, der eine mit 1 cm³ 1proz. Tyloselösung, der andere mit 1 cm³ 1proz. Gelatinelösung versetzt. Die erste Lösung liefert eine schöne, eindeutige Kupferstufe, während die leimhaltige Lösung eine zweiteilige, nicht auswertbare Welle ergibt. In neutralen oder schwachsauren Lösungen stört die Gelatine die Kupferwelle jedoch in keiner Weise.

Versuch 8: Zu 10 cm³ einer $^1/_{10}$ normalen Lithiumchloridlösung wird $^1/_2$ cm³ $^1/_{10}$ molarer Bleinitratlösung und 1 cm³

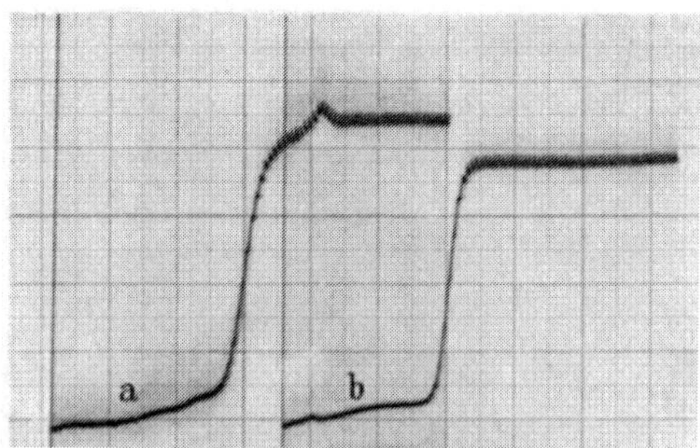

Abb. 23. Verbesserung der Wellengestalt. *a* Bleiwelle in tyloschaltiger neutraler Grundlösung, *b* dieselbe Welle nach Zusatz von viel Ammonchlorid. Empfindlichkeit 1/200, Meßspannung von 0—1,1 Volt.

1proz. Tylose zugegeben. Die Bleistufe zeigt einen zögernden Anstieg und ein kleines Maximum. Nun löst man 2 g Ammonchlorid im Analysenansatz auf und polarographiert nochmals; die Bleiwelle ist nun eine einfache, schöne Stufe geworden, wohl weil das Ammonchlorid das Bleiion vom Tylosemolekül abdrängt. Man beachte die Verkleinerung der Wellenhöhe, die auf Aktivitätsverminderung beruht.

Dem Raumbedarf der einzelnen polarographischen Stromstufen muß Rechnung getragen, Wellenkoinzidanzen vermieden werden. Ein prinzipieller Vorzug der polarographischen Analyse besteht darin, daß sich mehrere Lösungsbestandteile ohne Trennungsoperation durch eine einzige Kurve erfassen lassen, und zwar unter Umständen bis zu acht verschiedene Metalle, sofern die Reduktionspotentiale genügend verschieden sind. Ebenso wie das Prisma die verschiedenen Lichtarten trennt und so den gleichzeitigen Nachweis mehrerer Atomarten gestattet, so fächert auch die Potentiometerwalze des Polarographen die Reduktionsenergien verschiedener reduzierbarer Substanzen auseinander und ersetzt die chemische Trennung vollwertig und unter außerordentlichem Zeitgewinn durch eine energetische. Ebenso wie im Spektrum jede Linie ihren bestimmten charakteristischen Platz hat, so ist dies auch mit den einzelnen Stromstufen im Polarogramm. Ein Unterschied besteht nun aber darin, daß eine solche Stromstufe einen gewissen Platzbedarf hat, der sich daraus erklärt, daß der Stromanstieg selbst ebenfalls eine Spannungsfunktion ist[1] und nicht senkrecht erfolgt, sondern je nach der Konzentration und Galvanometerempfindlichkeit mit verschiedener Steilheit. Eine Welle von bestimmter Höhe kann entweder bei kleiner Konzentration und großer Galvanometerempfindlichkeit aufgenommen werden, dann besitzt sie große Steilheit, oder bei großer Konzentration und kleiner Galvanometerempfindlichkeit, dann verläuft sie flach und hat größeren Raumbedarf. Der Einfluß solcher Konzentrations-Empfindlichkeitsänderungen äußert sich darin, daß sich die Welle gleichsam um ihren Mittelpunkt dreht (Halbwellenpotential, Abb. 33).

Versuch 9: Man bereitet sich eine Lösung von 18,3 g Kadmiumchlorid

---

[1] Man erhält die Abhängigkeit des Stromes i von dem Potential E aus der bekannten NERNSTschen Potentialformel, wenn man berücksichtigt, daß die Konzentration des abgeschiedenen Metalls im Kathodentropfen dem fließenden Strom gerade proportional ist. Es ergibt sich nach Substitution und Umformung

$$i = k \cdot c \cdot e^{\frac{-n\,F\,E}{R\,T}},$$

wobei k ein Proportionalitätsfaktor, c die Konzentration der zu reduzierenden Metallionen in der Lösung, n ihre Wertigkeit und F ein Faraday ist (*12*).

in 100 cm³ destilliertem Wasser und aus ihr noch je eine weitere Lösung in der Verdünnung 1 : 10, 1 : 100 und 1 : 1000. Außerdem werden in vier kleine Bechergläser je 10 cm³ Grundlösung A gegeben; man setzt je 1 cm³ der verschiedenen Kadmiumlösungen zu und polarographiert von 0 bis 1,6 Volt mit solchen Empfindlichkeiten, daß die Wellen ungefähr gleiche Höhe erhalten (1/7500, 1/750, 1/100, 1/50). Der verschiedene Raumbedarf ist sehr deutlich zu erkennen; die beiden mit größerer Empfindlichkeit aufgenommenen Kurven zeigen bereits hohe Sauerstoffwellen, während in den beiden ersten Kurven der Sauerstoff noch nicht merkbar ist. Beim Arbeiten

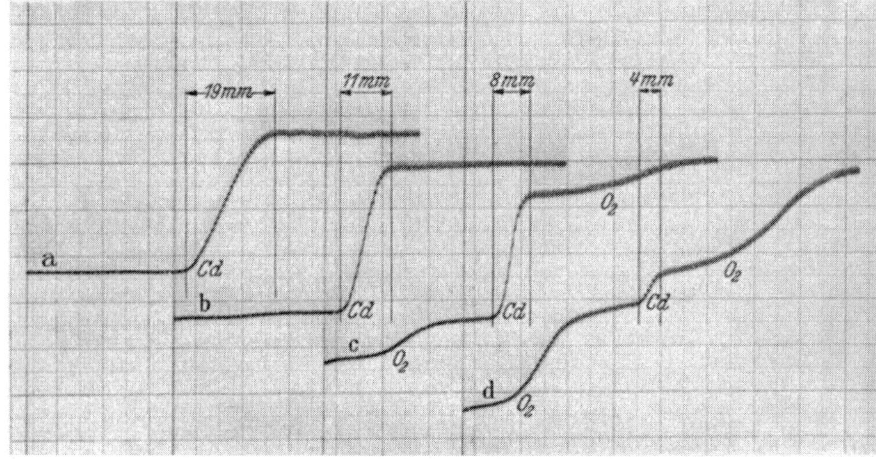

Abb. 24. Raumbedarf polarographischer Stromstufen als Funktion der Konzentration. *a* Kadmiumwelle bei Empfindlichkeit 1/7500, *b* desgleichen bei Empfindlichkeit 1/750, *c* desgleichen bei Empfindlichkeit 1/100, *d* desgleichen bei Empfindlichkeit 1/50. Meßspannung von 0 ab.

mit großen Konzentrationen und kleinen Empfindlichkeiten ist also eine Entfernung des Sauerstoffs auf alle Fälle überflüssig.

Es muß gefordert werden, daß zwei Wellen im gleichen Polarogramm so weit auseinanderliegen, daß sie gegenseitig scharf abgesetzt sind und nicht ineinanderfließen. Dies ist um so leichter zu erreichen, je verschiedener die Reduktionspotentiale und je kleiner bei ungünstiger Potentiallage der Raumbedarf ist. Auch Kurvenbeginn und Kurvenende können mit dem Raumbedarf einer analytisch wichtigen Welle in Kollision kommen; bei spät angezeigten, d. h. schwer reduzierbaren Substanzen wird man eine möglichst verdünnte und möglichst schwer reduzierbare Grundlösung anwenden [z. B. Li$^+$, (CH$_3$)$_4$N$^+$], bei leicht reduzierbaren eine ebenfalls möglichst verdünnte Sulfat-, Nitrat- oder Perchloratlösung, welche positivere Ruhepotentiale aufweisen.

Versuch 10: Zu 20 cm³ Grundlösung B wird 1 cm³ $^1/_{10}$ normale Zinksalzlösung gegeben und von 1 Volt ab mit Empfindlichkeit 1/200 aufgenommen; die Zinkwelle ist deutlich vom nachfolgenden Kalianstieg abgesetzt. Nun

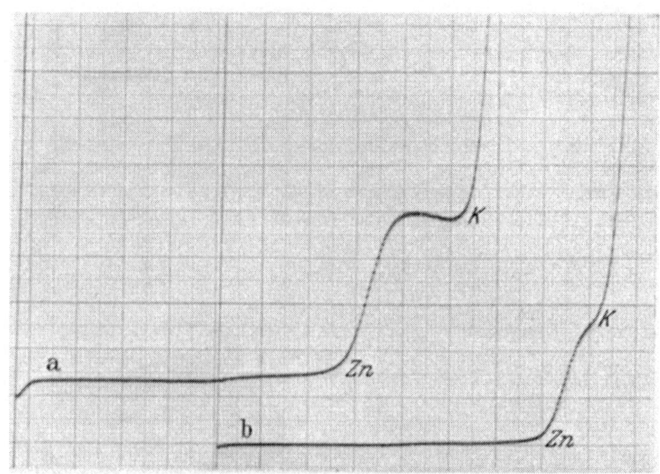

Abb. 25. Der Endanstieg. *a* Zinkwelle in verdünnter Lauge, *b* Zinkwelle in konzentrierter Lauge. Empfindlichkeit 1/200, Meßspannung von 0—1,9 Volt.

wird ein größerer Überschuß fester Kalilauge zugesetzt und abermals aufgenommen. Zink- und Kaliwelle verfließen ineinander und sind nur mehr schlecht zu unterscheiden; nimmt man sofort nach Zusatz der Lauge auf, so beobachtet man, daß die Zinkwelle höher geworden ist, da die Temperatur des Ansatzes durch die Lösungswärme der Lauge beträchtlich gestiegen ist. Der Temperatureinfluß muß bei quantitativen Arbeiten stets im Auge behalten werden.

Versuch 11: Zu 20 cm³ Grundlösung D wird 1 cm³ einer schwachsauren $^1/_{10}$ normalen Ferrisulfatlösung gegeben und von 0—0,8 Volt mit Empfindlichkeit 1/20 polarographiert. Man erhält sofort den Anstieg der Eisenwelle zugleich mit einem Maximum, und in einigem Abstand daran anschließend die erste Sauerstoffwelle. Nun fügt man festes Ammonchlorid zu und nimmt

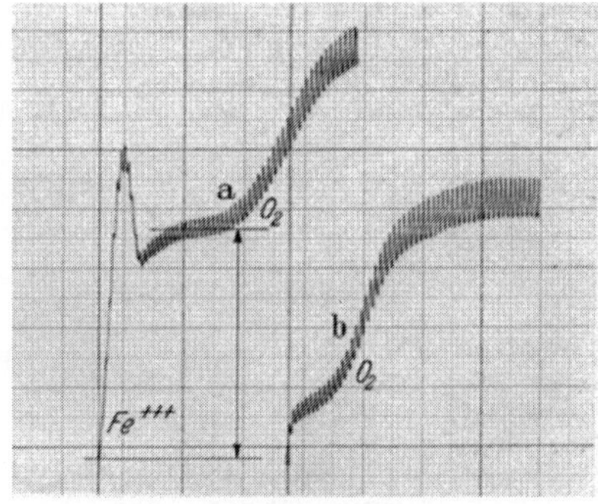

Abb. 26. Unerfüllter Raumbedarf bei zu negativem Ruhepotential.
a Eisen in Sulfat-Grundlösung, *b* desgleichen nach Zusatz von Chlorid. Empfindlichkeit 1/20, Meßspannung von 0—0,8 Volt.

unter den gleichen Bedingungen nochmals auf. Das Ruhepotential ist unter dem Einfluß der Chlorionen negativer geworden und übertrifft nun das Reduktionspotential des Ferriions; dieses reagiert infolgedessen mit dem Elektrodenquecksilber und die Ferriwelle kann nicht oder zum mindesten nicht mehr vollständig aufgezeichnet werden. Das Anodenquecksilber bedeckt sich dabei mit einer Haut von Kalomel entsprechend der Reaktion

$$2\,Hg + 2\,FeCl_3 = Hg_2Cl_2 + 2\,FeCl_2$$

und die Kurven zeigen besonders bei hohen Stromstärken die Neigung zu unregelmäßigen Störschwankungen, wie sie auch sonst im Falle schlechter Kontakte aufzutreten pflegen.

Überraschend ist es, daß sich Ferribestimmungen dennoch in Lösungen ausführen lassen, die sehr reich an Chlorionen sind; so erhält man nach dem Vermischen saurer, eisenhaltiger Proben mit Grundlösung P sofort nach Kurvenbeginn quantitativ brauchbare Stromanstiege, allerdings nur bei Einhaltung einer bestimmten Arbeitsweise. Man beobachtet nämlich in solchen Fällen, daß das Galvanometer schon bei der äußeren Spannung Null, beim Eintauchen der Elektroden, einen Ausschlag liefert, der entweder wie bei den eigentlichen Stromstufen auf der Mattscheibe nach rechts oder manchmal auch nach links hin liegt. Der Ausschlag kommt dadurch zustande, daß Kathoden- und Anodenquecksilber infolge ihres Ruhepotentials so reagieren, wie wenn die Tropfkathode bereits unter äußerer Spannung stünde; es ist klar, daß man diesen Ausschlag bei einer Ferriaufnahme in die Wellenhöhe mit einrechnen muß. Man verfährt also so, daß man zunächst bei abgeschaltetem Elektrolysensystem den Polarographen in Gang setzt und so eine waagerechte Linie als Marke für die Nullstellung des Galvanometers auf dem Polarogramm aufzeichnet; dann macht man, ohne den Polarographen seitlich zu verschieben, die Aufnahme der Ferriwelle. Die Wellenhöhe wird bei der Ausmessung nicht vom mehr oder weniger zufälligen Kurvenbeginn, sondern von dieser Nullpunktslinie an bestimmt. Selbstverständlich bleibt die Konzentrationsabnahme, welche durch die Reaktion mit der Tropfkathode eintritt, ohne Einfluß auf das Analysenresultat, da sie viel zu klein ist, um meßbar zu sein; die große Anode hingegen könnte wohl zu Fehlern führen. Erfahrungsgemäß läßt sich aber auch hier eine merkbare Beeinflussung vermeiden, wenn man die Lösungen nicht allzulange mit Quecksilber stehen läßt, Quecksilber und Lösung nicht miteinander schüttelt oder rührt und die Bereitung des Analysenansatzes so vornimmt, daß man zuerst Probe und Grundlösung vermischt und dann erst das Anodenquecksilber vorsichtig zugibt. Will man besonders genau arbeiten, so kann man Quecksilberanode und Lösung überhaupt nach Art der

Abb. 27 voneinander trennen. Das zur Verwendung kommende Glasgefäß hat einen Durchmesser von 10 cm und eine Höhe von 2 cm³; sein Boden ist mit reinstem Quecksilber bedeckt, darüber steht eine Lösung, welche 30% kristallisiertes Natriumsulfat, 1°/₀₀ Schwefelsäure und etwas festes Mekurosulfat enthält; der durch Schliff in das Gefäß einzusetzende Heber[1] wird mit einer heißen Lösung von gesättigtem Natriumsulfat und 2% Agar-Agar gefüllt. Nach dem Erstarren der Gallerte füllt man noch etwas von dieser Lösung nach, um den durch das Erkalten bedingten Volumschwund auszugleichen. Bei Nichtgebrauch der Außenanode taucht man das freie Ende des Hebers in ein Gläschen mit gesättigtem Kaliumsulfat, damit eine Austrocknung der Gallerte

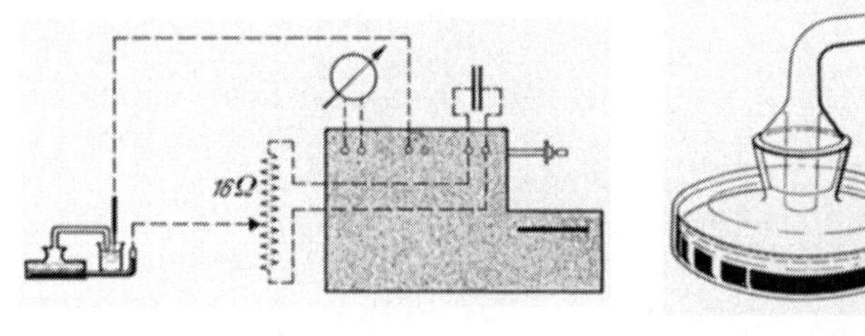

ab

Abb. 27. Außenanode.

vermieden wird. Die Außenanode hat ein gegenüber der Kalomelelektrode positives Potential und wird darum gerne in denjenigen Fällen verwendet, bei welchen ein positiveres Anfangspotential der polarographischen Kurve gewünscht wird; will man die Tropfelektrode auf das gleiche Potential wie die Außenanode bringen, so verwendet man den Polungswender oder einen guten Schiebewiderstand in der durch Abb. 27 gezeigten Schaltung.

Der Raumbedarf einer Welle hängt übrigens von der Art des zu bestimmenden Stoffes und damit auch oftmals von der Grundlösung ab. Der Raumbedarf von z. B. As, O_2 und H^+ ist übernormal groß, das Kupfertetraminion hat z. B. den dreifachen Raumbedarf als das Kupfertraquoion, wie überhaupt komplexe Ionen meist einen größeren Raumbedarf haben, als die einfachen hydratisierten Ionen.

Versuch 12: Je ¹/₂ cm³ einer ¹/₁₀ normalen Kupfernitratlösung wird in je 20 cm³ Grundlösung A und Grundlösung C im Bereich von 0—1 Volt mit Empfindlichkeit 1/200 aufgenommen und der Raumbedarf bestimmt.

---

[1] Das innere Ende des Hebers [muß einige Millimeter oberhalb der Quecksilberoberfläche stehen.

Das Polarogramm soll möglichst frei von Fremdwellen sein.
Unter Fremdwellen sollen diejenigen polarographischen Stromstufen verstanden werden, welche durch Lösungsbestandteile
hervorgerufen werden, die zufällig
im Analysenansatz vorhanden sind,
deren Bestimmung aber kein In-
teresse bietet und deren Platzbedarf
eine Störung bedeutet. So fällt die
in Versuch 2 gezeigte *Nitratwelle* in
den Spannungsbereich der Eisengruppe und man wird daher diese
Metalle niemals als Nitrate, sondern
als Chloride oder Sulfate polarographieren; auch kleine Mengen Nitrat
würden Fremdwellen liefern, da ja
die Eisengruppenmetalle mehrwer-
tig sind und darum den Nitratrest
zur Kathode schaffen.

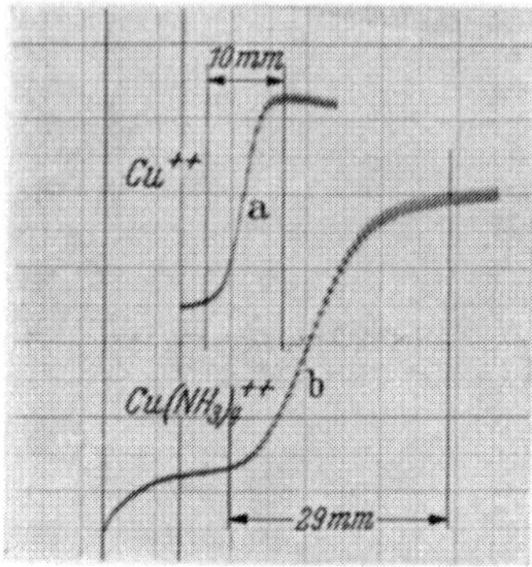

Abb. 28. Raumbedarf als Funktion der
Ionenart. *a* die Welle des hydratisierten Kupferions, *b* die Welle des
Kupfertetraminions. Empfindlichkeit
1/200, Meßspannung von 0—0,4 bzw.
von 0—1,0 Volt.

Die Fremdwellen des *Sauerstoffs* wurden bereits erwähnt und
in den Versuchen 3—5 studiert. Außer mittels Durchleiten von
Wasserstoff oder Stickstoff können die Sauerstoffwellen auch durch
Zugabe von Natriumsulfit, welches nach einigem Stehen zu Sulfat
oxydiert wird, oder, falls im alkalischen Medium gearbeitet wird,
durch etwas Mangansalz unterdrückt werden, das in Braunstein
übergeht und so den Sauerstoff abfängt. Eine andere besonders
häufig ausgeübte Möglichkeit besteht darin, den Sauerstoff überhaupt nicht zu entfernen, sondern die Konzentration der zu bestimmenden Stoffe viel größer als die Sauerstoffkonzentration zu
halten, so daß bei den zu verwendenden kleinen Galvanometerempfindlichkeiten die Sauerstoffwellen nicht oder fast nicht mehr
zu bemerken sind. Bis zu einer Galvanometerempfindlichkeit
von 1/200 kann fast stets unbedenklich in luftgesättigten Lösungen
polarographiert werden. In sehr konzentrierten Ionenlösungen
geht bekanntlich die Löslichkeit des Sauerstoffs fast bis Null
zurück, so daß bei vielen Spurenanalysen auch bei hohen Galvanometerempfindlichkeiten ohne Entfernung des Luftsauerstoffs
gearbeitet werden kann.

Versuch 13: Man bereitet sich einige Kubikzentimeter gesättigter reinster Lithiumchloridlösung und polarographiert offen an der Luft mit
der Empfindlichkeit 1/50 von Spannung Null ab. Man vergleiche dieses
Polarogramm mit dem in Versuch 3 erhaltenen; die Kurve ist trotz Abwesenheit eines Stabilisierungskolloides sehr ruhig und die Sauerstoffwellen nicht mehr wahrnehmbar.

Bei hohen Galvanometerempfindlichkeiten beobachtet man ein ständiges Steigen des Lichtzeigers mit steigender Spannung, so daß z. B. bei halber Galvanometerempfindlichkeit nur bis etwa 0,8 Volt aufgenommen werden kann, auch für den Fall, daß die polarographierte Lösung bis zu dieser Spannung gar keine Stromstufe zeigt. Der Strom, der auf diese Weise angezeigt wird und dem keine Elektroabscheidung zugrunde liegt, wird *Kondensatorstrom* genannt, da er durch statische Aufladung der Phasengrenzfläche Quecksilber - Elektrolyt zustande kommt; er muß ebenfalls als

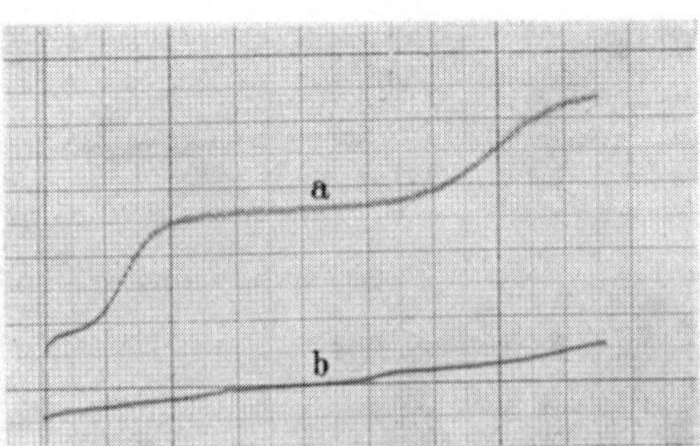

Abb. 29. Verschwinden der Sauerstoffwellen in konzentrierten Salzlösungen, a n/$_{10}$ Lithiumchloridlösung, b gesättigte Lithiumchloridlösung. Empfindlichkeit 1/50, Meßspannung von 0—1,6 Volt.

Fremdwelle aufgefaßt werden. Sehr kleine Mengen reduzierbarer Stoffe sind dem Kondensatorstrom nur überlagert und infolgedessen undeutlich. Der Kondensatorstrom kann nicht auf chemischem Wege ausgeschaltet, sondern nur elektrisch kompensiert werden, und zwar dadurch, daß ein etwa gleich großer, ebenfalls spannungsabhängiger, dem Kondensatorstrom aber entgegengesetzter Strom durch das Glavanometer geschickt wird. Man erreicht dies, wie schon auf S. 18 f. erwähnt, durch Anschluß eines besonderen Kompensationsgerätes an den Polarographen.

Versuch 14: Die Lösung von Versuch 13 wird mit Empfindlichkeit 1/2 einmal ohne und ein zweites Mal mit Kompensationsgerät (Skalenknopf auf 1,5) von Spannung Null bis zum Austreten des Lichtzeigers aus der Skala aufgenommen; die auch im reinsten Lithiumchlorid enthaltenen spurenweisen Verunreinigungen zeigen sich bei der zweiten Kurve deutlich, während sie bei der ersten nur schlecht vom Kondensatorstrom zu unterscheiden sind. Die Kompensation kann nicht im ganzen Spannungsbereich vollständig genau sein, da zwar der Gegenstrom linear mit der Spannung ansteigt, die Zunahme des Kondensatorstroms aber immer kleiner wird; infolgedessen erhalten Kurven, welche bei niedrigen Spannungen gut abkompensiert sind, in ihrem weiteren Verlauf eine fallende Tendenz, so daß eine ganz bestimmte, in Abb. 30 ersichtliche Ausmessung der Wellenhöhe nötig ist.

Eine weitere Fremdwelle wird durch das *Wasserstoffion* hervorgerufen. Seine große Überspannung an Quecksilber bewirkt zwar, daß die Wasserstoffwelle erst bei verhältnismäßig hohen Kathodenpotentialen auftritt; der Beginn der Wasserstoff-abscheidung ist aber eine Funktion des p_H und bei Abnahme des p_H um eine Einheit rückt dieser Beginn um etwa 100 mV im Polarogramm nach links. Diese starke Konzentrationsabhängigkeit kann mit Vorteil zu einer bequemen p_H-Bestimmung benützt

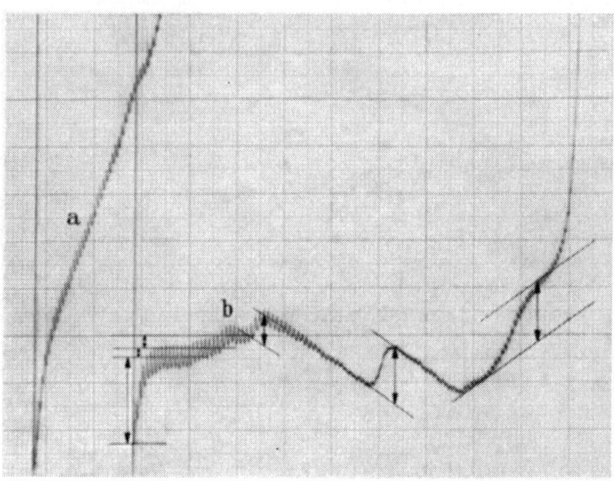

Abb. 30. Das Polarographieren mit Gegenstrom. *a* gesättigtes Lithiumchlorid ohne Gegenstrom aufgenommen, *b* desgleichen mit Gegenstrom. Empfindlichkeit ½, Meßspannung von 0 ab.

werden, falls nicht große andere, vor der Wasserstoffwelle auftretende Stromstufen dies unmöglich machen. Solche p_H-Messungen sind also z. B. in Kupfersalzlösungen nicht und in Aluminiumsalzlösungen wohl möglich. Man kann sie im p_H-Bereich von ungefähr 0—6 ausführen.

Versuch 15: Man bereitet sich Mischungen aus einnormaler Essigsäure und einnormalem Natriumazetat im Verhältnis 1:32, 1:8, 1:2, 2:1, 8:1, 32:1; diese Lösungen haben das p_H 6,2; 5,6; 5,0; 4,4; 3,8; 3,2. Die Kurven werden nicht wie üblich mit der Meßspannung 4 Volt, sondern mit einem 2-Volt-Akkumulator polarographiert; dadurch wird das Polarogramm auf die doppelte Länge auseinandergezogen und Spannungsmessungen können mit größerer Genauigkeit ausgeführt werden. Zur Ausschaltung der Sauerstoffwellen wird vor der Aufnahme Wasserstoff durch die Lösungen geleitet; um vom Ruhepotential unabhängig zu sein, setzt man etwas Thalliumlösung zu jedem Ansatz zu (2 Tropfen gesättigter Thallochloridlösung auf 10 cm³ Probe). Die Kurvenaufnahmen erfolgen mit möglichst großer Empfindlichkeit. Man legt an die Wasserstoffanstiege eine Tangente unter 45° und mißt in Millimetern den Abstand, den der Berührungspunkt der Tangente von der halben Höhe der Thalliumwelle hat; schließlich trägt man diesen Abstand gegen das p_H der Lösungen auf und erhält so eine kontinuierliche Eichkurve, an welcher man das p_H unbekannter Lösungen ohne weiteres ablesen kann (*155*).

Man erkennt aus den Kurven, daß die Wasserstoffabscheidung in sauren Analysenansätzen kaum vor 1 Volt angelegter Spannung einsetzen kann und daß darum die Metalle der Kupfer- und Arsengruppe, die ja sämtlich bei niedrigeren Spannungen abgeschieden werden, durch die Fremdwelle des Wasserstoffs keine Störung erfahren. In der Eisengruppe spielt das p_H aber eine wesentliche Rolle; einerseits darf die Lösung nicht alkalisch reagieren, um Ausfällungen zu vermeiden, andererseits darf keine merkbare Wasserstoffwelle im Polarogramm auftreten, da sie allein durch ihren gro-

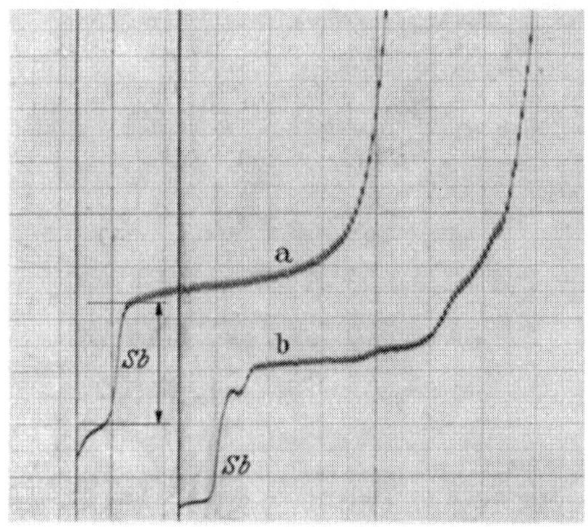

Abb. 31. Katalytische Störwellen bei zu hohen Probekonzentrationen. *a* Antimon in saurer Grundlösung, *b* desgleichen bei 10facher Antimonkonzentration. Empfindlichkeit 1/100 bzw. 1/750, Meßspannung von 0 ab.

ßen Platzbedarf stören würde. Außerdem besteht aber auch die Möglichkeit *katalytischer Mitabscheidung von Wasserstoff*, die unter Umständen völlig falsche Analysenresultate vortäuschen kann. Es ist bekannt, daß die hohe Überspannung des Wasserstoffs an Quecksilber schon durch geringe Mengen von Fremdmetallen herabgesetzt wird und dies muß auch der Fall sein, wenn in sauren Lösungen Kationen in größerer Menge an der Tropfenoberfläche zu Metall reduziert werden.

Versuch 16: Zu 20 cm³ Grundlösung E wird 0,1 cm³ einer salzsauren, $^1/_{10}$ molaren Antimontrichloridlösung gegeben und mit Empfindlichkeit 1/100 von Null ab polarographiert; dann wird die zehnfache Menge Antimontrichlorid zugesetzt und mit der Empfindlichkeit 1/750 nochmals aufgenommen. Die erste Welle hat einwandfreie Gestalt, die zweite zeigt mehrere, wohl katalytische langsame Anstiege bis zur Wasserstoffwelle.

Versuch 17: Zu 20 cm³ Grundlösung A wird ¹/₂ cm³ ¹/₁₀ molarer Manganchloridlösung gegeben und mit der Empfindlichkeit 1/200 von 1,4 Volt ab

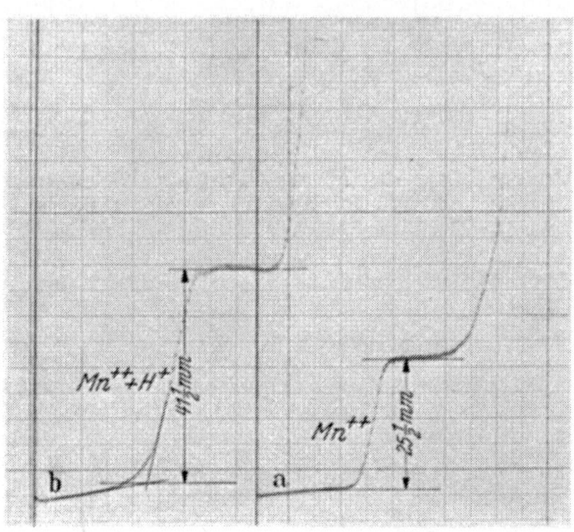

Abb. 32. p_H-Einfluß bei Bestimmungen in der Eisengruppe.
a die Manganwelle in neutraler Lösung, *b* desgleichen nach
schwachem Ansäuern. Empfindlichkeit 1/200,
Meßspannung von 1,4 Volt ab.

polarographiert, da 0,6 cm³ ¹/₁₀ normaler Salzsäure zugesetzt und nochmals aufgenommen. Die Manganwelle ist größer geworden und die Manganbestimmung unmöglich, da die Lösung polarographisch unrichtig zusammengesetzt ist. Alle Wellen in der Eisengruppe sollen in Lösungen aufgenommen werden, deren p_H nicht unter 4 liegt (Umschlagspunkt von Methylrot).

In seltenen Fällen wird nicht nur die Überspannung des Wasserstoffions, sondern auch die anderer Kationen durch die gleichzeitige Abscheidung eines Metalls an der Tropfelektrode beeinflußt, wenn die Stromdichten zu groß sind. Dies äußert sich aber nicht etwa in einer Verfälschung der Wellenhöhe; diese bleibt, wenn in Grundlösungen gearbeitet wird, von den Lösungsgenossen stets unabhängig. Die Reduktionspotentiale können jedoch eine kleine Verschiebung erfahren. Man begegnet diesem Effekt dadurch, daß man in verdünnteren Lösungen und mit größeren Empfindlichkeiten arbeitet, und so die Stromdichte und die Verunreinigungen der Quecksilberoberfläche mit abgeschiedenem Metall vermindert.

Versuch 18: Zu 20 cm³ Grundlösung B wird ¹/₂ cm³ ¹/₁₀ molarer Zinksalzlösung gegeben und mit Empfindlichkeit 1/500 aufgenommen; dann setzt man ¹/₂ cm³ ¹/₁₀ molares Bleinitrat zu und nimmt abermals auf. Die erste

Kurve zeigt den Kalianstieg erst nach völliger Ausbildung der Zinkwelle, in der zweiten Kurve verfließt die Zinkabscheidung undeutlich in dem zu früh einsetzendem Kalianstieg, da die Abscheidung des Kaliums durch das am Kathodentropfen gebildete Blei katalytisch erleichtert wird.

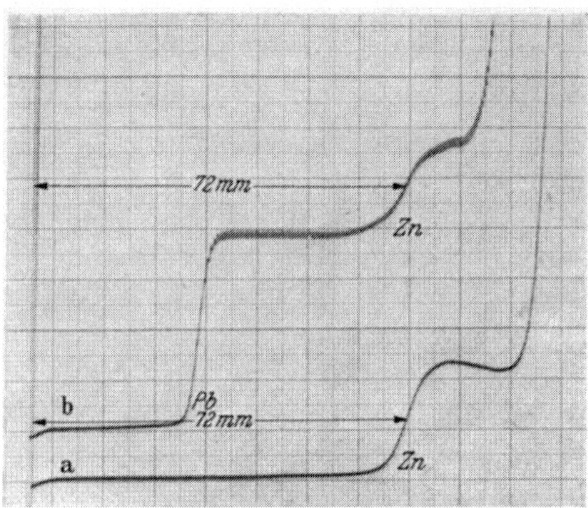

Abb. 33. Abscheidungskatalyse. *a* Zink in alkalscher Lösung, *b* desgleichen nach Zusatz von Blei. Empfindlichkeit 1/500 Meßspannung von 0—1,9 Volt.

Schließlich sind auch noch die ebenfalls sehr seltenen *katalytischen Fremdwellen* zu erwähnen, welche sich von den bisher behandelten dadurch unterscheiden, daß der katalytische Effekt nicht eine Vergrößerung der Wellenhöhe oder eine Veränderung ihrer Gestalt, sondern das Entstehen einer neuen Welle bewirkt.

Wie aus Tab. 2, S. 8 zu ersehen ist, handelt es sich meist um katalytische Wasserstoffwellen. Man wird in sauren Lösungen sogar die spurenweise Anwesenheit von Platinmetallen oder Chininalkaloiden und im Ammonsalzlösungen die Gegenwart von schwefelhaltigem Eiweiß vermeiden müssen. Auch in kobalthaltigen Proben darf Eiweiß nicht vorhanden sein, es sei denn, daß dessen Nachweis oder die quantitative Bestimmung der Sulfhydrylgruppe gewünscht wird.

Versuch 19: 20 cm³ $^1/_{10}$ normaler Salzsäure werden nach Vertreiben des Luftsauerstoffes mit Empfindlichkeit 1/10 von Null ab polarographiert. Dann wird ein Tropfen einer 1 $^0/_{00}$ Platinsalz enthaltenden Lösung zugegeben und abermals aufgenommen. Knapp nach 1 Volt angelegter Spannung bildet sich vor der eigentlichen Wasserstoffwelle und deutlich von ihr abgesetzt die katalytische Welle aus. Ihre Höhe ist der Platinkonzentration proportional; die anderen Platinmetalle geben ähnliche Katalysen, aber bei anderen Potentialen, und können voneinander unterschieden werden.

Versuch 20: 20 cm³ einer Lösung, welche Ammoniak und Ammonchlorid in einer Normalität von $^1/_{10}$ enthält, werden mit der Empfindlichkeit 1/100 von 1,4 Volt ab aufgenommen; dann schlemmt man etwa 30 mg Mehl im Analysenansatz auf und polarographiert nochmals. Das im Mehl ent-

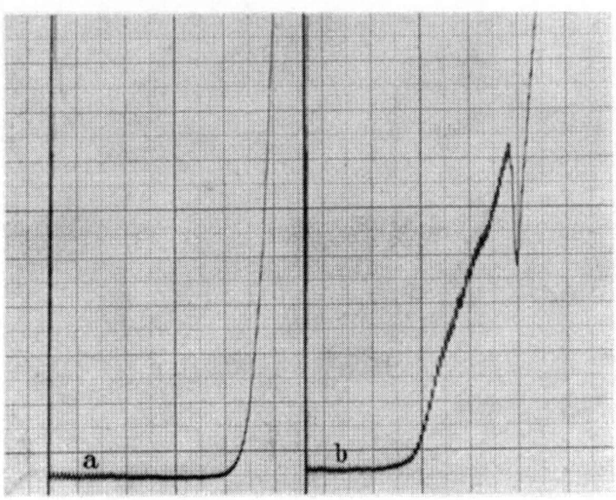

Abb. 34. Katalytische Eiweißwelle. *a* Ammoniakpuffer,
b desgleichen nach Zusatz von etwas Mehl.
Empfindlichkeit 1/100, Meßspannung von 1,4 Volt ab.

haltene Eiweiß, bzw. dessen Schwefelgruppen, treten als katalytische Welle in Erscheinung, welche dem Endanstieg zwar sehr nahe liegt, aber trotzdem für quantitative Bestimmung noch ausgemessen werden kann.

Im weiteren Sinne kann man auch Strommaxima als Fremdwellen auffassen; ihre Unterdrückung durch Zugabe eines Beruhigungskolloids, welches die Adsorptionskräfte des Quecksilbers absättigt, ist in allen Fällen möglich, obwohl die Bedingungen, unter welchen Maxima auftreten, nicht immer übersichtlich sind. Z. B. ist das Maximum über der Manganwelle eine Funktion der Wasserstoffionenkonzentration und tritt nur in einem ganz eng begrenzten p_H-Gebiet auf. In einigen Fällen wird man das Beruhigungskolloid aber besser vermeiden; z. B. wird die Polarographierung cyankalischer Lösungen durch Methylzellulose oder Leim gestört und die Zugabe ist auch unnötig, da Maxima nicht auftreten (Vgl. die Grundlösungen H, J, K).

Versuch 21: Zu einer Lösung von 16 cm³ $^1/_{10}$ normalem Ammonchlorid und 4 cm³ konzentriertem Ammoniak wird je $^1/_2$ cm³ $^1/_{10}$ molarer Kupfer- und Nickelchloridlösung zugegeben und von Null ab mit Empfindlichkeit 1/750 aufgenommen. Drei hohe Maxima verhindern die Ausmessung der Kurve. Nach Zugabe von 2 cm³ Tyloselösung erhält die Kurve die gewünschte Treppengestalt.

Wellenkoinzidenz im Polarogramm soll möglichst vermieden werden. Es ist selbstverständlich, daß bei der großen Zahl alle möglichen Elektroreduktionen die Reduktionspotentiale zweier oder mehrerer Substanzen häufig so ähnlich sind, daß eine polarographische Trennung nicht stattfinden kann. Im Falle anorganischer Kationen trifft dies zu bei Cu und Bi, Ni und Zn, Fe, Mn und Cr, K und Na, ferner bei Sr und Cs, Li und Mg, Sn und Pb, Nickelammin und Kobaltammin. Es gibt zwei Möglichkeiten, derartigen Koinzidenzen zu begegnen, die Fällung und die Ionenumwandlung; da einerseits durch die *Spezifität* der meisten Analysenansätze an und für sich eine weitgehende Sicherheit über das Nichtvorhandensein vieler Substanzen gegeben ist, andererseits in wohl allen Fällen durch Polarographieren in verschiedenen Grundlösungen leicht die gewünschte Fällung oder

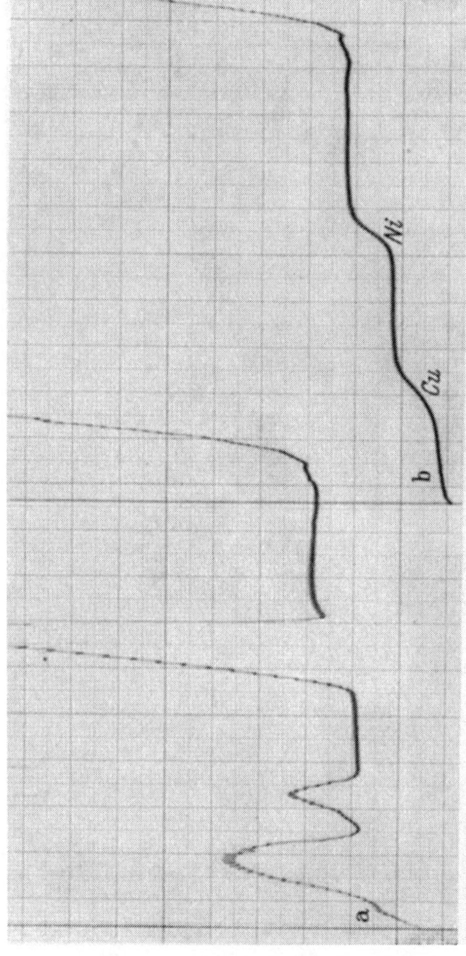

Abb. 35. Beruhigung der Kurven durch Stabilisierungskolloid. *a* Kupfer und Nickel in ammoniakalischer Grundlösung, *b* desgleichen nach Zusatz von Tylose. Empfindlichkeit 1/750, Meßspannung von 0 ab.

Komplexbildung erzielt werden kann, lassen sich polarographische Analysen so ausführen, daß Koinzidenzen nicht zu befürchten sind.

Versuch 22: Man stellt sich folgende Lösungen her: 19 cm³ Grundlösung D + 1 cm³ n/20 Manganchlorid; 18 cm³ Grundlösung B + 1 cm³ n/20 Manganchlorid + 1 cm³ n/80 Ferrisulfat; 19 cm³ Grundlösung C + 1 cm³ n/20 Manganchlorid; 18 cm³ Grundlösung C + 1 cm³ n/20 Manganchlorid + 1 cm³ n/80 Ferrisulfat (das Eisen wird als letztes zugegeben). Diese vier Lösungen werden mit Empfindlichkeit 1/200 von 1,4 Volt ab aufgenommen. In Grundlösung D liefern Eisen und Mangan eine gemeinsame Welle, in Grundlösung C erscheint das Mangan allein, falls das ganze Eisen in Ferriform vorliegt. Etwas Mangan wird von dem ausfallenden Eisen mitgerissen, besonders wenn das Eisen in größerer Konzentration vorliegt als das Mangan. Dennoch ist eine recht genaue Bestimmung in allen Fällen möglich, wenn man die Methode des Eichzusatzes mit einem Eichdiagramm kombiniert. Es kann mit guter Annäherung angenommen werden, daß bei konstanter Eisenkonzentration die mitgerissene Manganmenge der Mangankonzentration proportional ist; man bereitet sich darum eine zweite Grundlösung C',

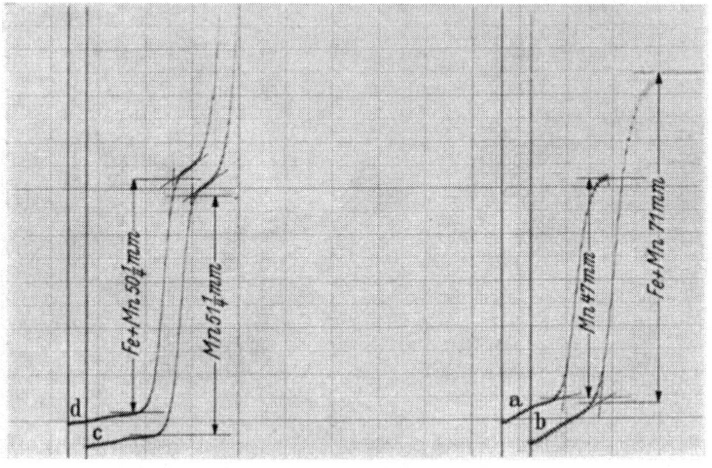

Abb. 36. Polarographische Trennung von Eisen und Mangan durch fällende Grundlösung.
a Mangan in Grundlösung D, *b* Eisen und Mangan in Grundlösung D, *c* Mangan in Grundlösung C, *d* Eisen und Mangan in Grundlösung C. Empfindlichkeit 1/200, Meßspannung von 1,4 Volt ab.

welche bereits etwas Mangan in bekannter Menge enthält und polarographiert die Probe in beiden Grundlösungen. Der Unterschied beider Wellenhöhen müßte nach dem Eichdiagramm der Manganmenge in C' entsprechen, ist aber infolge des ausgefallenen Ferrihydroxyds etwas kleiner. Der prozentuale Fehler ist auch bei der Manganwelle in C zuzuzählen und liefert so einen einwandfreien Wert.

Eleganter als diese chemische Trennung ist das Auseinanderziehen polarographischer Wellen durch Komplexbildung. Es ist längst bekannt, daß Metallionen umso schwerer niederzuschlagen sind, je höher ihre koordinative Absättigung, je beständiger der Komplex ist. Demgemäß erreicht man durch Umwandlung eines hydratisierten einfachen Kations in ein komplexes Ion stets eine Verschiebung der Welle nach rechts im Polarogramm und zwar umso weiter, je stabiler der Komplex ist. Beispielsweise wird das Blei, wenn man es aus dem einfachen hydratisierten Ion in den Tartrat-, Cyanid-, Plumbitkomplex umwandelt, um 0,13, bzw. 0,28, bzw. 0,36 Volt schwerer abgeschieden. Beim Kupfer sind die Unterschiede weit größer; während das hydratisierte Kupferion in Chloridlösungen und größeren Konzentrationen schon mit Quecksilber allein, also ohne Anlegen einer Reduktionsspannung reagiert, ist eine Kupferabscheidung aus Cyanidlösungen polarographisch überhaupt nicht nachzuweisen (bis ca. — 2 Volt). Man hat also oft die Möglichkeit, zwei Wellen, welche voneinander nicht unterschieden werden können, durch komplexe Abbindung, d.h. durch Verwen-

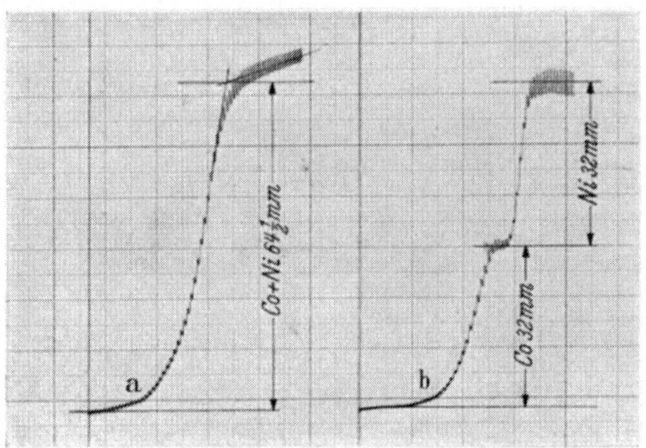

Abb. 37. Polarographische Trennung von Kobalt und Nickel durch komplexbildende Grundlösung. *a* Kobalt und Nickel in Grundlösung C, *b* Kobalt und Nickel in Grundlösung Q. Meßspannung von 0,8—1,6 bzw. von 0—0,8 Volt, Empfindlichkeit 1/200.

dung einer geeigneten Grundlösung, qualitativ zu erkennen und quantitativ nebeneinander zu bestimmen.

Versuch 23: Zu 20 cm³ Grundlösung C wird 1 cm³ einer Lösung gegeben, welche aus gleichen Teilen $^1/_{10}$ molaren Nickel- und Kobaltchlorid besteht; man nimmt im Spannungsbereich 0,8—1,6 Volt mit der Empfindlichkeit 1/200 auf und erhält eine Welle, in welcher nur die Summe Kobalt-Nickel angezeigt wird, da die Halbwellenpotentiale zu nahe aneinanderliegen und die beiden Wellen darum in eine einzige zerfließen (s. die Leiter, Abb. 37). Polarographiert man hingegen 1 cm³ der gleichen Probelösung in 20 cm³ Grundlösung Q mit der gleichen Empfindlichkeit im Spannungsbereich 0—0,8 Volt, so ist der Raumbedarf beider Wellen gut befriedigt und die gleichzeitige Bestimmung von Kobalt und Nickel infolgedessen erreicht. Wesentlich für die Aufnahmen mit Grundlösung Q ist, daß das

Kobalt in dreiwertiger Form vorliegt; der in der Grundlösung vorhandene Luftsauerstoff genügt, um den nach dem Vermischen vorerst gebildeten zweiwertigen Kobaltzyankomplex augenblicklich zu oxydieren, wenn die Kobaltkonzentration nicht zu groß ist. Probe und Grundlösung sollen erst kurz vor der Aufnahme zusammengemischt werden, da sich die Kobaltwelle in Zyanidlösungen in einigen Stunden infolge Komplexumwandlung langsam verbreitert und der größere Raumbedarf nach mehrtägigem Stehen schließlich die gleichzeitige Bestimmung von Kobalt und Nickel unmöglich macht. Interessant ist auch, daß sich zweiwertiges Kobalt in Grundlösung J durch ein Maximum zu erkennen gibt, welches verschwindet, wenn man durch Rühren an der Luft für Oxydation sorgt.

Versuch 24: In zwei Bechergläser werden je 30 cm³ Grundlösung C gegeben; in das eine fügt man 1 cm³ ¹/₁₀ molarer Zinkchloridlösung und

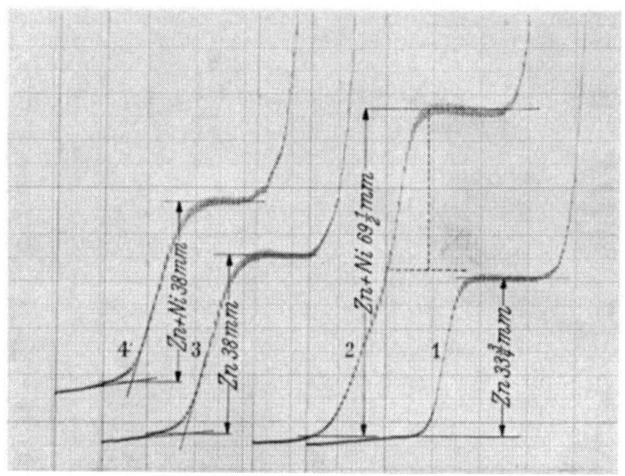

Abb. 38. Polarographische Trennung von Nickel und Zink durch komplexbildende Grundlösung.

a Zink in Grundlösung C, *b* Zink und Nickel in Grundlösung C, *c* Zink in Grundlösung K, *d* Zink und Nickel in Grundlösung K. Empfindlichkeit 1/200, Meßspannung von 0,8 bzw. 1,0 Volt an.

1 cm³ Wasser, in das zweite 1 cm³ derselben Zinksalzlösung und 1 cm³ ¹/₁₀ molarer Nickelchloridlösung zu. Nickel und Zink lassen sich in ammoniakalischer Grundlösung nicht genau nebeneinander bestimmen (Empfindlichkeit 1/300, Aufnahme von 0,8 Volt ab), da die Halbwellenpotentiale zu nahe beisammen liegen. In zwei weiteren Bechergläsern werden je 30 cm³ Grundlösung K und dazu 1 cm³ der Zinklösung und 1 cm³ Wasser, bzw. 1 cm³ Zinklösung und 1 cm³ Nickellösung gegeben. Nach Polarographierung von 1 Volt ab, mit Empfindlichkeit 1/300, zeigt sich, daß nur das Zink im Polarogramm in Erscheinung tritt, das Nickel aber infolge komplexer Abbindung nicht.

In der Lösung sollen keine langsamen Reaktionen stattfinden, welche die Konzentration der reduzierbaren Substanzen allmählich verändern. Ein hierher gehöriger Fall wurde bereits in Versuch 1 gezeigt, bei welchem gelöster Luftsauerstoff das zu bestimmende Mangan langsam als Braunstein fällte; man kann diese Reaktion entweder dadurch vermeiden, daß man in Wasserstoffatmosphäre arbeitet, oder durch Zugabe von 10% Ammonchlorid, welches die OH⁻-Konzentration des Analysenansatzes stark herabsetzt und so die Braunsteinbildung zwar nicht ganz verhindert, aber so sehr verlangsamt, daß sie in der zur Untersuchung nötigen Zeit nicht mehr merkbar ist. Ein weiterer Fall, die Oxydation zweiwertiger Kobaltkomplexe durch Luftsauerstoff, wurde bei Versuch 21 erwähnt. Reaktionen in unzweckmäßig zusammengesetzten Elektrolytlösungen sind häufig, so daß der Experimentierende dieser Gefahr immer besondere Aufmerksamkeit widmen muß.

Der durch das Galvanometer angezeigte Strom entspricht nicht nur einer einzigen Reduktion, sondern der Summe aller bisher in der Lösung eingetretenen Reduktionen. Liegen also z. B. in einer Lösung Sauerstoff, Blei, Zink und Aluminium vor, so wird der am Ende der letzten, nämlich der Aluminiumwelle, ausgebildete Strom, durch die gleichzeitige Reduktion aller dieser 4 Stoffe hervorgerufen, ist also die Summe aller Wellenhöhen. Darum kann auch die Konzentrationsänderung einer an sich nicht zu bestimmenden Substanz während der Analyse eine Fehlermöglichkeit bedeuten.

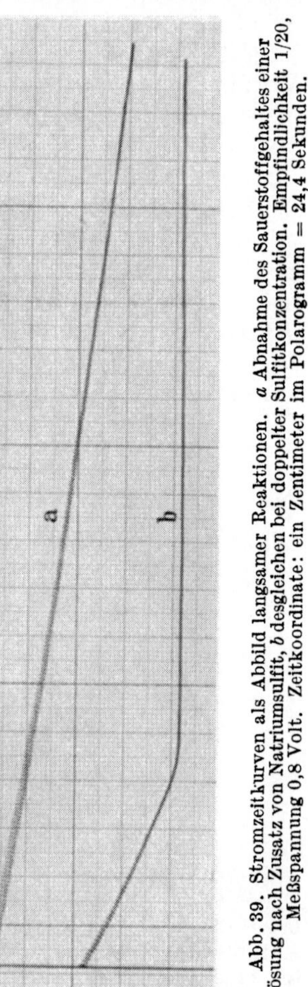

Abb. 39. Stromzeitkurven als Abbild langsamer Reaktionen. *a* Abnahme des Sauerstoffgehaltes einer Lösung nach Zusatz von Natriumsulfit, *b* desgleichen bei doppelter Sulfitkonzentration. Empfindlichkeit 1/20, Meßspannung 0,8 Volt. Zeitkoordinate: ein Zentimeter im Polarogramm = 24,4 Sekunden.

Versuch 25: Grundlösung A zeigt bei Empfindlichkeit 1/30 große Sauerstoffwellen. Man stellt die Spannung 0,8 Volt auf der Potentiometerwalze ein, löst die Kupplung zwischen Motor und Walze und nimmt bei gleichbleibender Spannung den fließenden Strom auf, nachdem man 1 cm³ 1 proz. Natriumsulfit der Lösung zugesetzt hat. Statt der üblichen Stromspannungskurve erhält man eine Stromzeitkurve, welche die Abnahme des mit dem Sulfit reagierenden Sauerstoffs in ihrer Abhängigkeit von der Zeit anzeigt.

Die Aufnahme von Stromzeitkurven eignet sich gut zum Studium der Kinetik langsamer Reaktionen in Lösungen.

Selbstverständlich muß, wenn man den Sauerstoff auf diese Weise aus dem Analysenansatz entfernt, die Reaktion völlig abgelaufen sein, bevor die Kurve aufgenommen werden kann. Umgekehrt muß auch beim Polarographieren in Wasserstoffatmosphäre darauf geachtet werden, daß nicht während der Aufnahme Sauerstoff in die Lösung kommt und durch Erhöhung des Gesamtstromes eine zu große einzelne Wellenhöhe der zu bestimmenden Substanzen vortäuscht; dies gilt besonders für das Arbeiten mit den höchsten Galvanometerempfindlichkeiten.

Bekanntlich nimmt die Löslichkeit frisch gefällter Niederschläge mit der Zeit und mit steigender Korngröße ab, worauf beim Polarographieren dann geachtet werden muß, wenn es sich um verhältnismäßig große Löslichkeiten handelt. Man ist bestrebt, die für polarographische Trennungen erforderliche Niederschläge möglichst schwer löslich zu wählen, oder sonst erst nach Ablauf einer bestimmten Zeit nach der Fällung zu polarographieren, wodurch eine definierte Löslichkeit gewährleistet wird.

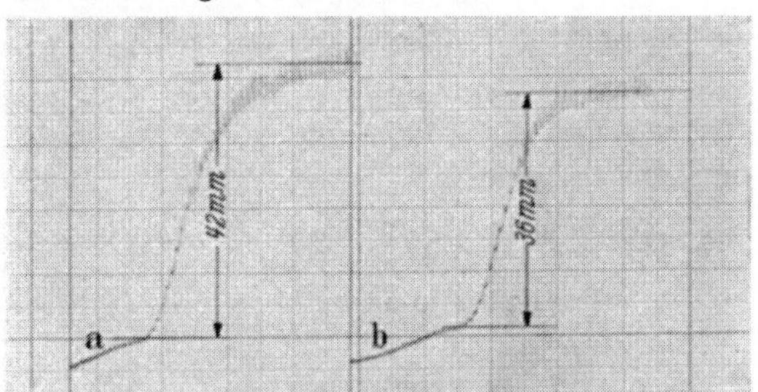

Abb. 40. Bedeutung der Zeit bei indirekten
polarographischen Analysen. *a* Bleiwelle kurz nach
Ausfällung von Bleisulfat, *b* desgleichen, 15 Minuten
später aufgenommen. Empfindlichkeit 1/100,
Meßspannung von 0,2—1,0 Volt.

Versuch 26: Zu 10 cm³ Grundlösung F werden 10 cm³ einer Kaliumsulfatlösung (1 g/l) zugesetzt und die Bleiwelle sofort und nach 15 Minuten abermals aufgenommen (Empfindlichkeit 1/300, Meßspannung von 0,2—1,0 Volt). Man beobachtet eine beträchtliche Abnahme der Wellenhöhe infolge der Alterung des ausgefällten Bleisulfats; indirekte polarographische Bestimmungen müssen unter Berücksichtigung dieser Erscheinung ausgeführt werden.

Auch das Elektrodenquecksilber kann mit dem Analysenansatz reagieren, wie dies bereits in Versuch 11 für Ferrichlorid beschrieben wurde. Ein ähnlicher Fall tritt in alkalischen Lösungen bei Gegenwart von zweiwertigem Zinn ein, wobei durch eine vermutlich nach der Formel

$$Hg(OH)_2 + Sn(OH)_2 = Hg + Sn(OH)_4$$

verlaufende Reaktion das Ruhepotential stark negativ wird.

Versuch 27: Zu je 20 cm³ Grundlösung B werden einmal 1 cm³ $^1/_{10}$ normale Bleinitratlösung und 1 cm³ Wasser, anderseits 1 cm³ derselben Bleilösung und 1 cm³ $^1/_{10}$ normaler salzsaurer Zinnchlorürlösung gegeben. Die Aufnahmen erfolgen von Meßspannung 0 ab mit Empfindlichkeit 1/200. Außer der Verschiebung des Ruhepotentials fällt auch eine Vergrößerung der Bleiwelle auf, welche durch das mitabgeschiedene, in der Reaktion entstandene Stannation bedingt ist.

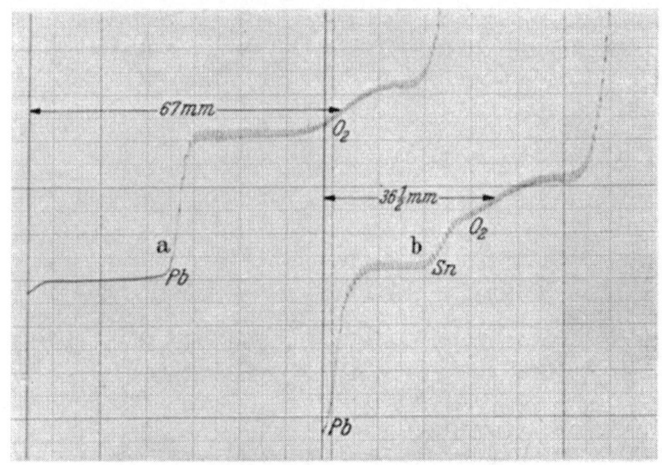

Abb. 41. Abnormales Ruhepotential. *a* Blei in alkalischer Lösung, *b* desgleichen nach Zusatz von zweiwertigem Zinn. Empfindlichkeit 1/200. Meßspannung von 0 ab.

Schließlich sei ein einfacher Versuch angeführt, welcher auf kürzestem Wege die quantitative Auswertbarkeit der Wellenhöhe beweist.

Versuch 28: 20 cm³ Grundlösung A werden im Spannungsbereich 0,6 bis 1,2 Volt mit Empfindlichkeit 1/300 aufgenommen (kein Stromanstieg); dann pipettiert man 1 cm³ einer ungefähr $^1/_{10}$ molaren Kadmiumsalzlösung zu, vermischt sorgfältig durch Umschwenken des Bechergläschens und nimmt unter den gleichen Bedingungen nochmals auf, fügt abermals 1 cm³ Kadmium zu, polarographiert usw. Reichen die Stromanstiege schließlich über das Ende der Mattscheibe hinaus, so setzt man die Empfindlichkiet entsprechend herab. Die Kadmiumkonzentrationen verhalten sich wie 1/21:2/22:3/23 ....; trägt man in einem Diagramm die Wellenhöhen gegen die Konzentrationen auf, so erhält man eine gerade Linie. Die einzelnen Meßpunkte dürfen, sorgfältiges Pipettieren vorausgesetzt, höchstens um 1% von dieser Geraden abweichen; der Versuch eignet sich vorzüglich als Kontrolle dafür, ob das Gerät richtig aufgestellt ist und einwandfrei bedient wird.

Der vorstehende Versuch, also die Aufnahme der Konzentra-

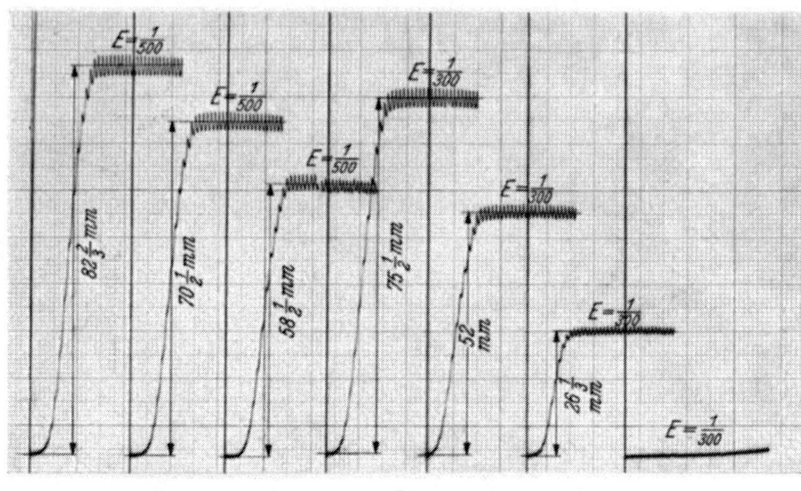

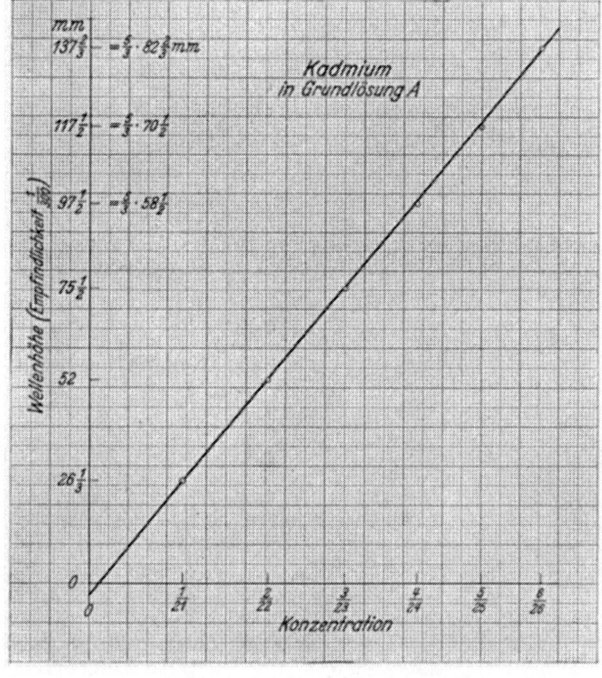

Abb. 42. Konzentrationsproportionalität der Wellenhöhen. Zu 20 ccm Grundlösung A wurden je 1 cm³ ¹/₁₀ normaler Kadmiumnitratlösung gegeben. Empfindlichkeit 1/300 bzw. 1/500. Meßspannung von 0,6—1,2 Volt.

tionsproportionalität von Wellenhöhen, hat eine überragende Bedeutung für die Prüfung neu zusammengesetzter Grundlösungen und damit ganz allgemein für die Ausarbeitung von Analysenvorschriften; er wird ergänzt durch die Prüfung auf zeitliche Konstanz der Wellenhöhen entsprechend dem Versuch 1. *Konzentrationsproportionalität, Zeitkonstanz* und einwandfreie *Wellengestalt* bilden die Kriterien für die Brauchbarkeit polarographischer Analysenvorschriften.

5. Beispiele polarographischer Analysen.

a) Bestimmung von Eisen, Aluminium, Mangan in Gesteinen. Der Aufschluß wird ohne Rücksicht auf Kieselsäure mit kohlensäurefreiem Ammonsulfid gefällt, filtriert und bis zum Verschwinden der Chlorreaktion gewaschen. Dann löst man den Niederschlag warm in möglichst wenig verdünnter Schwefelsäure, setzt etwas Wasserstoffsuperoxyd zur Oxydation des Eisens zu und vertreibt den Schwefelwasserstoff durch kurzes Kochen, bei welchem auch das Superoxyd wieder zerstört wird. Ein gelegentliches Auftreten von freiem Schwefel ist belanglos. Nach Zusatz einiger Tropfen Methylrot wird mit Lithiumhydroxyd neutralisiert und in einem $100\ cm^3$-Meßkolben gespült. $20\ cm^3$ der Probelösung werden von $0—0{,}4$ Volt mit großer Empfindlichkeit aufgenommen und liefern so das *Eisen* als Ferriwelle. Dann polarographiert man mit kleinerer Empfindlichkeit bis zum Endanstieg weiter und erhält die Summe

Tabelle 3: Gesteinsanalyse.

Vorbereitung:	Einwaage: *1 g*				Lösen bzw. Aufschluß: *Alkaliaufschluß, Ansäuern mit HCl.*
	Vortrennung: *Ammonsulfid, Filtrieren, Waschen; warm lösen in $20\ cm^3$ ½ n $H_2SO_4 + 1\ cm^3$ Perhydrol, Wegkochen des Superoxyds.*				
					Auffüllen auf: *100 cm³* [1]
Analyse:	zu bestimmen . .	*Fe*	*Al*	*Mn*	Bemerkungen:
	Grundlösung . . .	—	—	*C*	[1] *nach Neutralisation mit ½ n LiOH (Methylrot).*
	Mischung	—	—	*1 :2*	
	Empfindlichkeit .	*1/30*	*1/200*	*1/75*	
	Spannungsbereich	*0—0,4*	*1,6—2,2*	*1,4—2,0*	

Eisen-Mangan und das *Aluminium*. Als Grundlösung dient bei diesen Bestimmungen das Lithiumsulfat, welches durch Neutralisation der überschüssigen Schwefelsäure entstanden ist. Damit die

Konzentration dieser Grundlösungen bei allen Bestimmungen ungefähr gleich ist, verwendet man immer gleiche Mengen Schwefelsäure zum Lösen des Sulfidniederschlages. Schließlich setzt man 10 cm³ Grundlösung C zur Probe und erhält durch Polarographierung von 1,4 Volt ab das *Mangan*.

b) Bestimmungen an Naturweinen. In ein kleines Destillationskölbchen werden 20 cm³ Wein gegeben und davon langsam 2 cm³ abdestilliert. Dann setzt man 10 cm³ $^1/_{10}$ normales Lithiumhydroxyd als Grundlösung zu und polarographiert von 1,4 Volt ab mit Empfindlichkeit 1/50. Der im Wein enthaltene *Azetaldehyd* zeigt sich als quantitativ gut ausmeßbare Welle an. Die Vortrennung durch Destillation ist nötig, um den Aldehyd anzureichern und von anderen, im gleichen Spannungsbereich reduzierbaren Bestandteilen des Weins abzutrennen. Das Destillat soll noch in frischem Zustande polarographiert werden, da sonst Polymerisation zum nicht mehr reduzierbaren Paraldehyd einsetzt (*122*). Zur Beurteilung

Tabelle 4: Weinanalyse.

Vorbereitung:	Einwaage: —			Lösen bzw. Aufschluß: —	
	Vortrennung: $^1/_{10}$ *des Volums langsam abdestillieren* = *Probe a;*				
	Probe b entsteht aus 5 cm³ Wein und			Auffüllen auf: *50 cm³*	
Analyse:	zu bestimmen. . .	*Fusel* [2]	*Aldehyd* [1,4]	*Albumin* [2,3]	Bemerkungen:
	Grundlösung . .	*L*	*M*	*N*	[1] *mit Probe a,* [2] *mit Probe b,* [3] *sofort nach dem Mischen aufnehmen!* [4] *sofort nach der Destillation aufnehmen!*
	Mischung	*1 : 20*	*1 : 5*	*1 : 4*	
	Empfindlichkeit. .	*1/100*	*1/50*	*1/100*	
	Spannungsbereich .	*0—1,2*	*1,4—2,0*	*1,0—1,8*	

des Gehaltes an kapillaraktiven Substanzen, im besonderen von *Fuselölen*, bedient man sich der Adsorptionsanalyse; 20 cm³ einer $^1/_{1000}$ normalen Lithiumchloridlösung werden mit Empfindlichkeit 1/100 von 0—1,0 Volt aufgenommen, um die Höhe des Sauerstoffmaximums zu bestimmen; dann wird 1 cm³ des auf das Zehnfache verdünnten Weins zugesetzt und unter den gleichen Bedingungen nochmals polarographiert. Die prozentuelle Verminderung der Maximumhöhe ermöglicht die Abschätzung des Gehaltes an Fuselölen. Die *Phytoalbumine* des Weins lassen sich in einer Grundlösung bestimmen, welche im Liter 5,35 g Ammonchlorid, 2,38 g kristallisiertes Kobaltchlorid und 25 cm³ konzentrierten Ammoniak enthält. Man setzt zu 20 cm³ dieser Grundlösung 5 cm³ des zehnfach verdünnten Weines zu und nimmt mit Empfindlichkeit 1/100 von 1,0 Volt ab auf; nach der Kobaltwelle, welcher ein spitzes Maximum überlagert ist, bildet sich die Albuminwelle aus. Das Polarogramm muß gleich nach dem Zusammenpipettieren aufgenommen werden, da das Gemisch nicht reaktionsfrei ist.

c) Bestimmung von Nitrat in Mischsäuren. Man wiegt etwa 1 g Mischsäure ein, verdünnt mit Wasser, neutralisiert zur Bestimmung der Gesamtsäure mit gestellter Natronlauge und füllt in einen

Tabelle 5: Mischsäureanalyse.

Vorbereitung:	Einwaage: *1 g*		Lösen bzw. Aufschluß: —		
	Vortrennung: *mit Wasser verdünnen, mit n/2 NaOH neutralisieren.*				
				Auffüllen auf: *1000 cm³*	
Analyse:	zu bestimmen . .	HNO_3	—	—	Bemerkungen:
	Grundlösung . . .	*G*	—	—	
	Mischung	*1 : 4*	—	—	
	Empfindlichkeit .	*1/200*	—	—	
	Spannungsbereich .	1,2—2,0	—	—	

Litermeßkolben auf. 5 cm³ der Probe werden zu 20 cm³ Grundlösung G gegeben und von 1,2 Volt ab aufgenommen. Der so erhaltene Nitratgehalt ergibt, von der Gesamtsäure abgezogen, die Schwefelsäure.

Tabelle 6: Kesselspeisewasseranalyse.

Vorbereitung:	Einwaage: —		Lösen bzw. Aufschluß: —		
	Vortrennung: —				
				Auffüllen auf: —	
Analyse:	zu bestimmen . .	SO_4	—	—	Bemerkungen:
	Grundlösung . . .	*F*	—	—	*10 Minuten nach Vermischen aufnehmen.*
	Mischung	*1 : 1*	—	—	
	Empfindlichkeit .	*1/200*	—	—	
	Spannungsbereich	*0,2—1,0*	—	—	

d) Bestimmung von Sulfat im Kesselspeisewasser. 10 cm³ Wasser werden zu 10 cm³ Grundlösung F gegeben und nach 10 Minuten Stehen von 0,2 bis 1,0 Volt aufgenommen. Ist die Sulfatmenge so groß, daß die Bleiwelle ganz oder beinahe verschwindet, so ist das Kesselwasser entsprechend zu verdünnen. Die Auswertung erfolgt an Hand eines Eichdiagramms.

e) Bestimmung von Verunreinigungen in einem Reinaluminiumblech. 5 g Blech werden in konzentrierter Salzsäure gelöst und auf dem Sandbad eingeengt. Durch Hydrolyse fällt etwas Aluminiumhydroxyd aus; man unterbricht das Eindampfen und gießt die Lösung in einen 50 cm³ Meßkolben ab, wäscht mit sehr wenig Wasser nach und füllt zur Marke auf. Ein Teil der Lösung wird mit geeigneter Empfindlichkeit polarographiert, wobei das Alumi-

Tabelle 7: Spurenanalyse von Reinaluminium.

Vorbereitung:	Einwaage: *5 g*		Lösen bzw. Aufschluß: *Salzsäure, darauf einengen.*		
	Vortrennung: —				
					Auffüllen auf: *50 cm³*
Analyse:	zu bestimmen . .	*Cu, Pb, Zn, Fe, In*	—	—	Bemerkungen: . *nötigenfalls Aufnahme mit Gegenstromgerät, Skalenstellung 5.*
	Grundlösung . . .	—	—	—	
	Mischung	—	—	—	
	Empfindlichkeit .	*1/10*	—	—	
	Spannungsbereich	*0—1,7*	—	—	

niumchlorid die Funktion der Grundlösung übernimmt; die Lösung ist so konzentriert, daß sich das Vertreiben des Luftsauerstoffs erübrigt. Kupfer, Blei, Zink, evt. Indium und Eisen werden in Mengen bis zu 0,001% in einer Aufnahme erfaßt. Die quantitative Bestimmung erfolgt am besten durch Eichzusatz, doch darf die Probe dadurch nicht wesentlich verdünnt werden, da sonst Luft gelöst wird.

f) Messing. In manchen Fällen wird die Bestimmung der Hauptmengen genügen, also von Kupfer und Zink, die in Grundlösung C ohne jede Schwierigkeit nebeneinander aufgenommen werden können. Man wiegt sich 0,1 g Messingspähne ein und versetzt in einem kleinen, mit Uhrglas bedeckten Bechergläschen mit 2 cm³ konzentrierter Salpetersäure; die Lösung erfolgt fast augenblicklich, nur

Tabelle 8: Messing, Schnellanalyse.

<table>
<tr><td rowspan="2">Vorbereitung:</td><td colspan="2">Einwaage: 0,1 g</td><td colspan="3">Lösen bzw. Aufschluß: 2 cm³
konzentrierte HNO₃.</td></tr>
<tr><td colspan="3">Vortrennung: —</td><td colspan="2">Auffüllen auf: 50cm³</td></tr>
<tr><td rowspan="5">Analyse:</td><td>zu bestimmen . .</td><td>Cu</td><td>Zn</td><td colspan="2" rowspan="5">Bemerkungen:
Bei der Zinkauf-
nahme die Kupfer-
welle kompensieren!</td></tr>
<tr><td>Grundlösung . . .</td><td>C</td><td>C</td></tr>
<tr><td>Mischung . . . .</td><td>1 : 2</td><td>1 : 2</td></tr>
<tr><td>Enpfindlichkeit . .</td><td>ca. 1/100</td><td>ca. 1/50</td></tr>
<tr><td>Spannungsbereich</td><td>0,2—1,0</td><td>1,0—1,6</td></tr>
</table>

bei größeren Zinngehalten etwas langsamer. Dann spült man in einen
50 cm³ Meßkolben, füllt auf und pipettiert ohne Rücksicht auf einen
eventuellen Zinnsäureniederschlag 5 cm³ der Probelösung zu 10 cm³
Grundlösung C. Dann nimmt man im Spannungsbereich 0,2 bis 1,0
mit Empfindlichkeit 1/100 das Kupfer und im Bereich 1,0 bis 1,6
mit etwa der doppelten Empfindlichkeit das Zink auf; die Kompensation der Kupferwelle ist für die Zinkaufnahme anzuraten.

Außer Kupfer und Zink enthält Messing bekanntlich auch noch
kleinere Mengen von Zinn, Blei, Eisen und Nickel. Will man auch
diese Metalle bestimmen, so muß man zunächst von einer größeren
Einwaage, 0,5 g, ausgehen. Das Zinn fällt beim Lösen der Probe
in Salpetersäure bereits in einer zur gravimetrischen Bestimmung
geeigneten Form aus und müßte, um polarographierbar zu sein,
erst wieder aufgeschlossen werden; darum behält man die gravimetrische Bestimmung in diesem Ausnahmefall bei, dampft die gelöste Probe auf dem Sandbad zur Trockene, nimmt mit 5 cm³ konzentrierter Salpetersäure, dann mit heißem Wasser auf, filtriert die
Zinnsäure ab, wäscht, verascht und wägt in der üblichen Weise.
Das Filtrat enthält neben den anderen Metallen Eisen und Blei
in meist nur sehr kleinen Mengen, so daß deren Abscheidung zum
Zweck der Anreicherung vorgenommen werden muß. Man setzt
also 15 cm³ konzentrierten Ammoniak und, um eine vollständige
Ausfällung des Bleis zu gewährleisten, 5 cm³ 2 normales Ammonkarbonat zu, filtriert kalt durch einen Glasfiltertiegel[1], wäscht mit

---

[1] Das Filtrieren durch Papier würde zu viel Zeit beanspruchen; man
verwendet am besten Tulpen mit seitlich angeschmolzenem Absaugrohr,
welche auf die Schliffe der verwendeten Meßkolben passen; die Meßkolben
müssen dann natürlich runde Boden haben.

Will man aber doch mit Papierfilter arbeiten, so kann die Sonderfiltra-

NH³haltigem Wasser bis zum Verschwinden der blauen Kupferamminfarbe und hat dann Kupfer, Zink und Nickel im Filtrat, das Blei und Eisen aber als Niederschlag auf dem Filter. Das Filtrat wird im Meßkolben auf 250 cm³ gebracht und die Kupfer- und Zinkwelle in genau der gleichen Weise aufgenommen, wie dies oben beschrieben wurde. Da in Grundlösung C Zink und Nickel koinzidieren, muß von der Zinkwelle der Nickelanteil abgezogen werden; man hat zu diesem Zweck bei der Herstellung des Eichdiagramms

Tabelle 9: Messing, Gesamtanalyse.

Vorbereitung:

Einwaage: *0,5 g* — Lösen bzw. Aufschluß: *HNO_3 konz., bis zur Trockene eindampfen, aufnehmen mit 5 cm³ HNO_3 konz. erhitzen, Wasser und Filtrierpapierschnitzel zusetzen, kochen, die Zinnsäure quantitativ abfiltrieren und bestimmen.*

Vortrennung: *Das Filtrat mit 15 cm³ NH_3 konz. und 5 cm³ 2 n $(NH_4)_2 CO_3$ versetzen und absaugen; das Filtrat im Meßkolben auf 250 cm³ auffüllen (Cu, Zn, Ni), den Niederschlag mit heißer 2 n HNO_3 lösen und in einem 25 cm³ Meßkolben auffüllen (Pb, Fe). Mit der HNO_3 auffüllen!*

Auffüllen auf: *250 cm³; 25 cm³*

Analyse:

zu bestimmen . .	Cu	Zn	Ni	Pb	Fe	Bemerkungen:
Grundlösung .	C	C	I	P	P	*Pb und Fe kalt filtrieren!*
Mischung .	*1 : 2*	*1 : 2*	*1 : 3*	*1 : 1*	*1 : 1*	*Aufnahme der Fe-Welle mit Nullpunktlinie!*
Empfindlichkeit . . .	*ca. 1/100*	*ca. 1/50*	*ca. 1/20*	*ca. 1/20*	*ca. 1/10*	*Cu-Welle bei der Zn-Bestimmung kompensieren!*
Spannungsbereich .	*0,2 bis 1,0*	*1,0 bis 1,6*	*0,4 bis 0,8*	*0,4 bis 0,8*	*0 bis 0,2*	*Reihenfolge des Pipettierens bei der Ni-Bestimmung: Probe, I_3, I_1, I_2.*

die Zahl von Millimetern Wellenhöhe festgestellt, welche einem Gehalt von 1% Nickel entspricht. Die Bestimmung des Nickels erfolgt in Grundlösung J, also im cyankalischen Medium, nachdem 5 cm³ des Filtrates mit je 5 cm³ der Teillösungen J_1, J_2 und J_3 versetzt wurden; die Empfindlichkeit wird etwa 1/20 betragen müssen, der Spannungsbereich ist 0,4 bis 0,8 Volt. Bei der Nickelbestimmung ist folgendes zu beachten: Kupfer und Zink geben in cyan-

---

tion der Zinnsäure unterbleiben; man filtriert sie mit dem Eisen- und Bleiniederschlag zugleich ab und behält sie nach dem Behandeln mit Salpetersäure allein auf dem Filtrierpapier zurück, worauf sie verascht, geglüht und gewogen wird.

kalischen Lösungen so stabile Komplexe, daß sie im Polarogramm nicht mehr angezeigt werden, das Nickel liefert eine brauchbare Stromstufe in der Gegend der zweiten Sauerstoffwelle, so daß bei sehr kleinen Nickelkonzentrationen der gelöste Luftsauerstoff entfernt werden muß. Das zeitraubende Durchleiten von Wasserstoff kann beim Arbeiten im cyankalischen Medium erspart werden, da die Metalle mit Sulfit nicht mehr ausfallen können, dieses also für die Entfernung des Sauerstoffs brauchbar ist (Grundlösung J_3). Im stärker alkalischen Gebiet ist die Geschwindigkeit der Sulfitoxydation übrigens so klein, daß man J_3 grundsätzlich immer als erste Lösung zur Probe zupipettieren wird; bei der Messinganalyse gewinnt man den weiteren Vorteil, daß die Störungen durch das beim Vermischen von ammoniakalischem Cuprisalz und Cyankali entstehende Cyan vermieden werden, wenn Sulfit bereits anwesend ist. Es scheint, daß das aus Cyan und Hydroxyl gebildete Cyanation bei etwa dem gleichen Potential wie der Nickelkomplex reduziert wird und so zu einer störenden Fremdwelle Anlaß gibt; jedenfalls erhält man nach dem Vermischen von Grundlösung J_1 und alkalischem Cuprisalz eine ausgeprägte Welle, die bei Anwesenheit von Sulfit oder bei Verwendung von Cuprosalz ausbleibt.

Cyankalische Grundlösungen dürfen nicht mit Tylose als Beruhigungskolloid hergestellt sein; die Wellen haben infolge der Bildung verschiedener Komplexe keine einfache Gestalt mehr, sind stark zum Endanstieg verschoben und die Lösungen sind nicht reaktionsfrei. Bei Anwesenheit von viel Ammonsalz erhält man jedoch sehr ruhige und schön ausgebildete Kurven; darum wird die Lösung J_2 mit verwendet, die außerdem noch Ammoniak enthält, um saure Proben zu alkalisieren. Die große Konzentration von Ammonchlorid gewährleistet außerdem die erforderliche Konstanz der Gesamtionenkonzentration. Da die Mischung der drei Teillösungen der Grundlösung J nicht lange haltbar ist, sollen die Proben bald nach dem Vermischen aufgenommen werden. Die Nickelwelle hat übrigens die Eigenschaft, mit steigender Cyanionenkonzentration zu wachsen; schon aus diesem Grunde muß die Lösung J_1 genau pipettiert werden.

Der auf dem Filter verbliebene Niederschlag wird mit einigen Kubikzentimetern heißer 2 normaler Salpetersäure gelöst und die Lösung quantitativ in einen 25 cm³ Meßkolben gebracht, wobei dieselbe Säure auch zum Nachwaschen und Auffüllen verwendet wird. Man pipettiert 5 cm³ der Probe mit 5 cm³ Grundlösung P zusammen, bestimmt das Eisen mit Nullpunktlinie bei Empfindlichkeit 1/10 im Bereich 0—0,2 Volt und das Blei mit Empfindlichkeit 1/20 von 0,4—0,8 Volt. Die Lösung muß sauer sein, um eine

Tabelle 10: Neusilber.

<table>
<tr><td rowspan="2">Vorbereitung:</td><td colspan="2">Einwaage: 0,2 g</td><td colspan="2">Lösen bzw. Aufschluß: 4 cm³
konzentrierte HNO₃</td></tr>
<tr><td colspan="2" rowspan="2">Vortrennung: —</td><td colspan="2"></td></tr>
<tr><td colspan="2">Auffüllen auf: 50 cm³</td></tr>
<tr><td rowspan="5">Analyse</td><td>zu bestimmen . .</td><td>Cu</td><td>Ni</td><td>Zn [1]</td><td rowspan="5">Bemerkungen:
[1] Die Welle gibt die Summe Ni + Zn; das Zink aus der Differenz!
[2] Reihenfolge des Pipettierens: Probe, I₃, I₁, I₂.</td></tr>
<tr><td>Grundlösung . .</td><td>C</td><td>I [2]</td><td>C</td></tr>
<tr><td>Mischung . . . .</td><td>1 : 2</td><td>1 : 3</td><td>1 : 2</td></tr>
<tr><td>Empfindlichkeit. .</td><td>ca. 1/100</td><td>ca. 1/300</td><td>ca. 1/300</td></tr>
<tr><td>Spannungsbereich</td><td>0,2—1,0</td><td>0,4—0,8</td><td>1,0—1,6</td></tr>
</table>

Hydrolyse des Eisens zu vermeiden; erfahrungsgemäß ist es empfehlenswert, stets mit der gleichen Säuremenge zu arbeiten, was auch in der Analysenvorschrift zum Ausdruck gebracht wurde.

g) Neusilber. Diese Analyse ist ohne jede Vortrennung durchzuführen und der eben beschriebenen Messinganalyse so ähnlich, daß sie in ihren Einzelheiten nicht geschildert zu werden braucht. Als Lösungsmittel dient wieder Salpetersäure, das Kupfer wird in Grundlösung C, das Nickel in Grundlösung J und das Zink aus der in Grundlösung C aufgenommenen Nickel-Zinkwelle nach Abzug des Nickelwertes erhalten.

h) Kontrolle von Papierfarben durch Adsorptionsanalyse. 0,1 g Farbe wird im Liter-Meßkolben gelöst und mit reinstem Wasser aufgefüllt; ferner werden 20 cm³ einer 1/1000 normalen Kochsalzlösung polarographiert und die Höhe des Sauerstoffmaximums bestimmt. Nach Zusatz von 1 cm³ der Probe verkleinert sich das Maximum und zwar umsomehr, je größer die Färbekraft der Probe ist. Zur Gewinnung einer Eichkurve löst man die Farbe nicht in Wasser, sondern in 1/1000 normaler Kochsalzlösung, und setzt die verdünnte Probe in einzelnen Kubikzentimetern zur Grundlösung. Der Papiermacher hat so eine rasche und bequeme Kontrolle über die Gleichmäßigkeit seiner Farben und kann bei erhöhtem Farbverbrauch leicht feststellen, ob Stoff oder Farbe schuldtragend sind.

Die beschriebenen Bestimmungen machen deutlich, daß eine polarographische Analyse, abgesehen von gewissen Vorbereitungsoperationen wie Einwägen, Lösen und evtl. Vortrennen, durch die

Tabelle 11: Adsorptionskraft von Papierfarben.

Vorbereitung:	Einwaage: *0,1 g*		Lösen bzw. Aufschluß: *dest. Wasser.*			
	Vortrennung: —					
					Auffüllen auf: *1000 cm³*	
Analyse:	zu bestimmen . .	*Färbe-verm.*	—	—	Bemerkungen: *Adsorptionsanalyse.*	
	Grundlösung . .	*O*	—	—		
	Mischung	*1 : 20*	—	—		
	Empfindlichkeit .	*1/100*	—	—		
	Spannungsbereich	*0—1,2*	—	—		

Angabe der Grundlösung und der Apparateinstellung erschöpfend
beschrieben ist. Für serienmäßige Aufnahmen, deren qualitative
Deutung durch Leitern und deren quantitative Auswertung durch
Ablesen eines Eichdiagramms in der denkbar einfachsten Art erfolgt, kann man also sozusagen genormte Analysenvorschriften auf-
stellen, deren Vorteile für Betriebskontrollen und Vergleichsanaly-
sen auf der Hand liegen, die auch von Laien ausgeführt werden
können und die etwa die Gestalt haben sollen, welche in den Ta-
bellen 3—11 vorgeschlagen ist. Man ersieht weiterhin aus den Ana-
lysenbeispielen, daß trotz Heranziehung der verschiedensten Un-
tersuchungsgebiete fast immer das Wesentliche der Analysenvorschrift in der Zusammensetzung der Grundlösung liegt. Es wäre
außerordentlich wünschenswert, wenn eine große Zahl derartiger
genormter Analysenvorschriften ausgearbeitet und erprobt werden
würde, wozu allerdings die Arbeit und Erfahrung vieler Chemiker
notwendig ist; erst dann wird man wirklich von einer objektiven
und vollautomatischen chemischen Analytik sprechen können und
die Maschine wird im chemischen Laboratorium den Platz einneh-
men, den sie auf vielen andern Gebieten menschlicher Arbeit bereits erobert hat.

E. Pflege des Polarographen.

Abgesehen vom Galvanometer ist nur die Kapillare empfindlich
gegen unsachgemäße Behandlung. Bei Nichtgebrauch soll sie in destilliertes Wasser tauchen und das Niveaugefäß soweit gesenkt wer-

den, daß das Tropfen aufhört[1]. Da Quecksilber bekanntlich Glas nicht benetzt, also nur durch Druck am Zurücksteigen in der Kapillare gehindert werden kann, muß das Niveaugefäß immer höher stehen als die Kapillare; sonst würde Wasser eingesaugt werden und die Kapillare wäre verdorben.

Die Tropfenoberfläche ist eine Funktion der Dimensionen des Kapillarenkanals, mit verschiedenen Kapillaren erhält man also verschiedene Wellenhöhen und ein Bruch der Kapillare bedeutet langwierige Nacheichung der bisherigen Testaufnahmen. Darum sind die Kapillaren im Fleisch dick gehalten.

Das Quecksilber der Tropfkathode soll den großen Stromstärken der Endanstiege nur kurze Zeit ausgesetzt bleiben; das abgeschiedene Metall wandert sonst als Amalgam ins Innere der Kapillare und verstopft sie ganz oder teilweise.

Man überzeugt sich von Zeit zu Zeit vom richtigen Stand der Galvanometerlibelle; die Drähte der Aufhängung können ihre Länge um ein Geringes ändern, wodurch das Instrument aus seiner genau waagerechten Lage kommt und die Kurven beeinträchtigt werden. Der Spiegel des Galvanometers bleibt bei großen Stromüberlastungen stecken; durch leichtes Klopfen bringt man ihn wieder in die Ruhelage.

Die Außenkontakte des Polarographen müssen vor Säuredämpfen geschützt sein; die Innenkontakte sind schon durch die Bauart des Polarographen vor Verschmutzung geschützt. Alle wichtigen Teile befinden sich staubdicht abgekapselt im Gehäuse; außerdem liegt ein Filzstreifen am Potentiometerrad an, der während der Aufnahmen alle evt. vorhandenen Staubpartikelchen von den Drahtwindungen abstreift, und zwischen Nullende des Widerstandsdrahtes und Abgreifrädchen befindet sich eine Kondensator, der augenblickliche Stromschwankungen, die durch Verunreinigungen des Drahtes hervorgerufen werden könnten, durch seine eigene Kapazität ausgleicht.

Der Kollektor des Motors, der nach Abschrauben der Bodenplatte zugänglich ist, soll zeitweise vom Kohlenstaub gereinigt werden. Man läßt zu diesem Zweck den Motor laufen und drückt ein Läppchen mit einem Bleistift an den Kollektor an, achtet aber darauf, daß die Drähte des Rotors nicht verletzt werden. Sind die beiden Kohlen abgeschliffen, so müssen sie ersetzt werden. Die Kohlehalter zu beiden Seiten des Rotors lassen sich herausschrauben, nötigenfalls unter Zuhilfenahme eines Winkelschraubenziehers.

Der Motor des Polarographen besitzt Zentralschmierung; die beiden Einfüllröhrchen, mit grüner und roter Kappe versehen, wer-

---

[1] Vgl. dazu aber auch S. 25 und 26!

den nach Abschrauben des Gehäusedeckels sichtbar. Man füllt etwa alle Monate einige Tropfen Nähmaschinenöl in jedes Röhrchen nach, in das rot gestrichene fünfmal soviel wie in das grüne.

Für den gleichmäßigen Gang des Motors sorgt ein Zentrifugalregulator, welcher mit einer Messingplatte gegen einen Lederpfropfen drückt; das System ist bei abgeschraubter Bodenplatte sichtbar. Auch der Lederpfropfen wird durch die Zentralschmierung versorgt, ein Ölmangel macht sich durch Rasselgeräusche bemerkbar.

Das Getriebe braucht nur etwa alle Jahre neu geschmiert zu werden; jedes Lager besitzt ein eigenes Schmierloch. Es kann vorkommen, daß der automatische Abschalter im Laufe der Zeit so schwer beweglich wird, daß das Kontakträdchen beim Anstoßen des Systems an den Auslösehebel vom Potentiometerdraht abgehoben wird und die Abschaltung nicht eintritt. Man muß dann auch der Achse, auf welcher der Abschalthebel sitzt, etwas Öl geben.

Die Quecksilberrückstände, welche sich beim polarographischen Arbeiten allmählich ansammeln, läßt man in einem OSTWALDschen Quecksilberreinigungsapparat (*180*) erst durch salpetersaure Merkuronitratlösung, dann evt. noch durch destilliertes Wasser tropfen. Das so erhaltene Quecksilber wird in wohl allen Fällen für die Bodenelektrode genügen; die Tropfelektrode benötigt jedoch allerreinstes, vakuumdestilliertes Quecksilber, das man sich in einem der üblichen Apparate destilliert.

Quecksilber, welches mit Fett oder Öl verschmutzt ist, wird zuvor mit Lauge ausgeschüttelt.

F. Kurze zusammenfassende Betriebsvorschrift.

1. Vorbereiten der Photowalze durch Einspannen des Papiers und Aufsetzen derselben auf die Apparatachse zwischen Schiene und Feder.

2. Einführen der Kathode und der Anodenstromzuführung in das beschickte Elektrolysiergefäß, Kontrolle des richtigen Eintauchens, unter Umständen Achtung vor dem Eindringen von Luft!

3. Einstöpseln des Empfindlichkeitsumschalters nach Schätzung, je nach der erwarteten Konzentration.

4. Einschalten der Galvanometerbeleuchtung und Einfangen des Lichtstrahls auf der Mattscheibenskala durch Verschieben des Apparates auf der Laufschiene.

5. Aufsetzen des Kontakträdchens auf die erste Windung der Potentiometerwalze, Einschalten des Akkumulators und genaue Einstellung der Meßspannung mit dem Spannungsregler unter Kontrolle am Voltmeter.

6. Überprüfen des Kurvenverlaufs mit dem Handrad nach Ausrücken der Kuppelung, evt. Umstöpseln des Empfindlichkeitsumschalters.

7. Einstellen der Potentiometerwalze auf Null, zugleich Wiedereinrücken der Kuppelung, Einstellung des Kontakträdchens auf der Spannungsskala und Einstellung des Abschalters.

8. Einstellung des Kurvenanfangs auf Abszissen- und Ordinatenskala, Niederlegung des Feststellhebels.

9. Einschalten der Abszissenbeleuchtung und Öffnen des Belichtungsspaltes, darauf Anstellen des Motors.

10. Abschaltung der Abszissenbeleuchtung.

Während der Kurvenaufnahme selbst ist keine weitere Bedienung erforderlich und die nächste Probe kann inzwischen zur Aufnahme vorbereitet werden.

Nach der Kurvenaufnahme: Schließen des Belichtungsspaltes, Ausschaltung von Galvanometerbeleuchtung und Akkumulator; Kapillare in destilliertes Wasser einsetzen, Niveaugefäß bis zum Aufhören des Tropfenfalls senken oder Schlauch abquetschen.

Die Voraussetzungen für ein störungsfreies Arbeiten sind:
  a) die schütterfreie Aufstellung von Elektrolysensystem, Galvanometerlampe und Galvanometer;
  b) einwandfreie Kontakte;
  c) reinstes Quecksilber;
  d) richtige und gleichmäßige Tropfgeschwindigkeit der Kapillare.

Vom guten Zustand der Apparatur überzeugt man sich an Hand der Stromspannungskurve eines konstanten OHM'schen Widerstandes, vom einwandfreien Arbeiten des Elektrolysensystems durch Aufnahme einer Proportionalitätskurve nach Versuch 28.

Die Ausarbeitung einer Analysenvorschrift hat die Gewinnung von Kurven zum Ziel, in welchen
  a) der Ionentypus der zu bestimmenden Stoffe festliegt;
  b) der Raumbedarf jeder Stufe erfüllt ist;
  c) Fremdwellen möglichst fehlen und
  d) die Reproduzierbarkeit durch Reaktionslosigkeit des Elektrolyten gewährleistet ist.

Ist die gleichzeitige Bestimmung aller in der Probe interessierenden Bestandteile durch Wellenkoinzidenzen oder aus anderen Gründen nicht möglich, so kann man
  a) eine chemische Vortrennung nach den üblichen chemischen Methoden vornehmen;
  b) durch eine geeignete Grundlösung mittels Komplexbildung trennen oder

c) durch eine geeignete Grundlösung einen Teil der Probebestandteile ausfällen und dadurch polarographisch unwirksam machen.

Die Sicherheit qualitativer Analysen hängt von der genauen Einstellung der Meßspannung ab und steigt bei Polarographierung derselben Probe in mehreren Grundlösungen; die Ablesung des Polarogramms erfolgt mittels Leitern gegen eine Bezugswelle. Quantitative Analysen liefern dann genaue Resultate, wenn Eichdiagramme zur Anwendung kommen, die Gesamtionenkonzentration annähernd gleichgehalten und für Temperaturkonstanz gesorgt wird.

Literaturverzeichnis.

1. Zusammenfassende Überblicke.

1 HEYROVSKY, J.: Anwendungen der Elektrolyse mit der Quecksilbertropfkathode. C. r. Acad. Sci. Paris 179 (1924) 1267.

2 — Die Elektrolyse mit Quecksilbertropfkathoden als analytische Methode. Bull. Soc. chim. France 41 (1927) 1224.

3 SHIKATA, M.: Allgemeine Einführung zur polarographischen Methode. Mem. Coll. Agric., Kyoto 4 (1927) 1.

4 KEMULA, W.: Über HEYROVSKYs elektroanalytische polarographische Methode und ihre Anwendung in der theoretischen und praktischen Chemie. Z. Elektrochem. 37 (1931) 779.

5 HEYROVSKY, J.: Anwendung der polarographischen Methode in der Mikroanalyse. Mikrochem. 12 (1932) 25.

6 SEMERANO, G.: Der Polarograph, seine Theorie und Anwendung. Verlag A. Draghi, Padua 1932.

7 HEYROVSKY, J.: Anwendung der polarographischen Methode in der Industrie. Chim. et. Ind. 29, Sondernummer 6 (1933) 204.

8 KOSTUK, E.: Über die polarographische Methode bei der chemischen Analyse. Bull. Ass. Chimistes Sucr. Dist. Ing. Agric. France Colonies 49 (1932) 444.

9 SIDERSHY, D.: Polarographie. Bull. Ass. Chimistes Sucr. Distr. Ing. Agric. France Colonies 50 (1933) 400.

10 HERMAN, J.: Der Polarograph, ein wertvolles Instrument für die quantitative chemische Analyse. Engng. Min. J. 135 (1934) 299.

11 HEYROVSKY, J.: Eine polarographische Studie über die elektrokinetischen Erscheinungen der Adsorption, Elektroreduktion und Überspannung, ausgeführt mit der Quecksilbertropfkathode. Paris: Herrmann & Cie. 1934.

12 — Polarographie, in W. BÖTTGER: Die physikalischen Methoden der chemischen Analyse. Leipzig 1936, II. Bd. 260—322.

2. Theoretische Arbeiten und solche von hauptsächlich wissenschaftlichem Interesse.

13 HEYROVSKY, J.: Der Prozeß an der Quecksilbertropfkathode: Die Überspannung des Wasserstoffs. Trans. Faraday Soc. 19 (1924) 692.

14 SHIKATA, M.: Konzentrationsketten und die Elektrolyse von Natriumalkoholat. Trans. Faraday Soc. 19 (1924) 721.

15 HEYROVSKY, J.: Über die Elektrolyse mit der Quecksilbertropfkathode. C. r. Acad. Sci. Paris 179 (1924) 1044.

16 — Eine Theorie der Überspannung. Rec. Trav. chim. Pays-Bas et Belg. (Amsterd.) 44 (1925) 499.

17 — und B. SOUCEK: Das elektrolytische Potential von Eisenamalgam. C. r. Acad. Sci. Paris 183 (1926) 125.

18 — und R. Simunek: Über die Natur der Unregelmäßigkeiten in der Elektrokapillaıkuıve, eıhalten nah deı Metłcde von Kucera. Bull. intern. de l'Académie des Siences de Bohème 28 (1927) 38.

19 Emelianova, N. V. und J. Heyrovsky: Der Maximumeffekt bei Polarisationskurven von Nickelsalzlösungen. Bull. intern. de l'Académie des Siences de Bohème 26 (1927) 182.

20 — — Maxima an Stromspannungskurven bei der Elektrolyse von Nikkelsalzlösungen mit der Quecksilbertropfkathode. Trans. Faraday Soc. 24 (1928) 257.

21 Herasymenko, P.: Maxima bei den Polarisationskurven von Uranylsalzlösungen. Trans. Faraday Soc. 24 (1928) 267.

22 Dillinger, M.: Eine Studie über die Strommaxima bei der Elektrolyse von Quecksilbercyanidlösungen. Collection of Czechoslovak Chemical Communications 1 (1929) 638.

23 Heyrovsky, J. und R. Simunek: Erklärung der Anomalien in der Elektrokapillarkurve. Philos. Mag. 7 (1929) 951.

24 Herasymenko, P., Heyrovsky, J. und K. Tankakivsky: Die Elektrolyse von Quecksilbersalzlösungen mit tropfenden und ruhenden Quecksilberkathoden. Trans. Faraday Soc. 25 (1929) 152.

25 Demassieux, N. und J. Heyrovsky: Untersuchung einiger Komplexe mittels der polarographischen Methode. Bull. Soc. chim. France 45 (1929) 30.

26 Kemula, W.: Überspannung an Quecksilber, das aus Quecksilbersalzlösungen niedergeschlagen wurde. Collection of Czechoslowak Chemical Communications 2 (1930) 347.

27 — Eine Studie über die Diskontinuitäten von mit Quecksilbercyanid erhaltenen Kurven. Collection of Czechoslovak Chemical Communications 2 (1930) 502.

28 Herasymenko, P. und I. Slendyk: Wasserstoffüberspannung und Adsorption der Ionen. Z. physik. Chem., Abt. A 149 (1930) 123.

29 Brdicka, R.: Untersuchungen über die Konstitution von wässerigen Zinnsalz- und blauen Kobaltchloridlösungen. Collection of Czechoslovak Chemical Communications 2 (1930) 489.

30 Lloyd, V.: Wasserstoffüberspannung an der Quecksilbertropfkathode. Trans. Faraday Soc. 26 (1930) 12.

31 Pavlik, M.: Elektrochemische und Spektraluntersuchungen an Nickelchloridlösungen. Collection of Czechoslovak Chemical Communications 3 (1931) 233.

32 Brdicka, R.: Eine Studie über die Hydrolyse von Kobaltchlorid. Collection of Czechoslovak Chemical Communications 3 (1931) 396.

33 Heyrovsky, J. und E. Vascautzanu: Unterdrückung von Adsorptionsströmen beim elektrokapillaren Nullpotential. Collection of Czechoslovak Chemical Communications 3 (1931) 418.

34 Slendyk, I. u. P. Herasymenko: Wasserstoffüberspannung an Quecksilberkathoden in Gegenwart kleinerMengen von Platinmetallen. Z. physikal. Chem., Abt. A 162 (1932) 223.

35 Semerano, G.: Die Überspannung des Wasserstoffs und die Erscheinung der Adsorption an der Quecksilbertropfkathode. Gazz. chim. ital. 63 (1933) 786.

36 Devoto, G. und A. Ratti: Der Einfluß einiger organischer Stoffe auf die Abscheidung vonMetallionen an der Quecksilbertropfkathode. Gazz. chim. ital. 62 (1933) 887.

37 ZLOTOWSKY, I.: Untersuchungen über die kathodische Polarisation der Metallelektroden mittels des Polarographen von HEYROWSKY und SHIKATA. Bull. int. Acad. polon, Sci Lettres Ser. A. (1934).
    1. Untersuchungen der kathodischen Polarisation von festen Metallelektroden, 115;
    2. Untersuchung der Erscheinung der Überspannung, wie sie beim Elektroniederschlag von Metallionen auftritt, 127;
    3. Beiträge zur Theorie der Wasserstoffüberspannungen, 143.

38 HERASYMENKO, P. und L. SLENDYK: Die Katalyse der Elektroabscheidung von Wasserstoff durch die Gegenwart von Platinmetall. Collection of Czechoslowak Chemical Communications 5 (1933) 479.

39 SARTORI, G.: Anwendung der polarographischen Methode zur Untersuchung komplexer Anionen. Gazz. chim. ital. 64 (1934) 3.

40 HERASYMENKO, P. und L. SLENDYK: Die Erniedrigung der Wasserstoffüberspannung durch einige organische Verbindungen. Collection of Czechoslovak Chemical Communictions 6 (1934) 204.

41 HEYROVSKY, J.: Über die Grenzströme bei der Elektrolyse mit der Quecksilbertropfkathode. Arh. Hemiju Pharmaciju 8 (1934) 11.

42 KEMULA, W. und B. WENIGEROWNA: Messungen der Grenzströme in Lösungen reiner Salze mittels der Quecksilbertropfelektrode. Roczniki Chem. 14 (1935) 406.

43 ZLOTOWSKI, I.: Untersuchungen über die kathodische Polarisation von Metallelektroden unter Verwendung des Polarographen von HEYROVSKY und SHIKATA. Roczniki Chem. 14 (1935) 640, ebenda 651, ebenda 666, ebenda 675.

3. Anorganische Analysen.

a) Kationen bzw. Metalle.

44 HEYROVSKY, J.: Abscheidung von Alkalien und Erdalkalien an der Quecksilbertropfkathode. Philos. Mag. (6) 45 (1923) 303.

45 — Die Abscheidung von Metallen an der Quecksilbertropfkathode. Trans. Faraday Soc. 19 (1924) 692.

46 BAYERLE, V.: Die Abscheidung von Arsen, Antimon und Wismuth. Rec. Trav. chem. Pays-Bas 44 (1925) 514.

47 BREZINA, J.: Die elektrolytische Abscheidung von Mangan und das Auftreten komplexer Manganionen in ammoniakalischen Lösungen. Rec. Trav. chem. Pays-Bas 44 (1925) 520.

48 EMELIANOVA, N. V.: Nickel und Kobalt. Rec. Trav. chim. Pays-Bas et Belg. (Amsterd.) 44 (1925) 528.

49 SMRZ, J.: Zinn. Rec. Trav. chem. Pays-Bas 44 (1925) 580.

50 SHIKATA, M., TACHI, I. und N. HOZAKI: Anwendung der polarographischen Methode zur Analyse unnormaler mineralischer Bestandteile. Mem. Coll. Engng., Kyoto 4 (1925) 49.

51 TAGAKI, S.: Die elektrolytische Abscheidung von Indium an der Quecksilbertropfkathode. J. chem. Soc. Lond. (1928) 301.

52 HERASYMENKO, P.: Die Elektroreduktion von Uranylsalzen mittels der Quecksilbertropfkathode. Trans. Faraday Soc. 24 (1928) 272.

53 HEYROVSKY, J. und S. BEREZICKY: Die Abscheidung von Radium und anderen Erdalkalien an der Quecksilbertropfkathode. Collection of Czechoslovak Chemical Communications 1 (1929) 19.

54 PINES, I.: Die Abscheidung von Zink aus Cyanidlösungen. Collection of Czechoslovak Chemical Communications 1 (1929) 429.

55 — Die Abscheidung von Kadmium aus Cyanidlösungen. Collection of Czechoslovak Chemical Communications 1 (1929) 387.

56 DEMASSIEUX, E. und J. HEYROVSKY: Beitrag zur Bestimmung des dreiwertigen Chroms. J. Chim. physique 26 (1929) 219.

57 SHIKATA, M. und Y. KIDA: Studien an komplexen Salzen mittels des Polarographen. J. phys. Chem., Japan 2 (1929) 75.

58 DODRYSZYCKY, M.: Die Abscheidung von Zink und Kadmium aus ammoniakalischen Lösungen. Collection of Czechoslovak Chemical Communications 2 (1930) 134.

59 MAZZUCCHELLI, A.: Die Elektrolyse von Chromoxalat. Memorie della Reale Accademie d'Italia 2 (1931).

60 SUCHY, K.: Gleichzeitige Bestimmung von Kupfer, Wismut, Blei und Kadmium mittels der polarographischen Methode. Collection of Czechoslovak Chemical Communications 3 (1931) 354; dasselbe in Chem. News 143 (1931) 213.

61 PRAIZLER, J.: Gleichzeitige Bestimmung der Gruppen Eisen, Chrom, Aluminium, Nickel, Kobalt, Zink, Mangan. Collection of Czechoslovak Chemical Communications 3 (1931) 406.

62 ZELTZER, S.: Eine Untersuchung der Lösungen von Gallium, Titan, Vanadin, Niob und Tantal. Collection of Czechoslovak Chemical Communications 4 (1932) 319.

63 SLENDYK, J.: Die Herabsetzung der Wasserstoffüberspannung durch Spuren von Platin. Collection of Czechoslovak Chemical Communications 4 (1932) 335.

64 KIMURA, G.: Die Elektroreduktion von Kalzium und Magnesium und die Bestimmung des Kalzium. Collection of Czechoslovak Chemical Communications 4 (1932) 492.

65 MAJER, V.: Die polarographische Bestimmung der Alkalimetalle. Z. anal. Chem. 92 (1933) 321.

66 — Anwendung der polarographischen Methode zur Schnellbestimmung kleiner Mengen Alkalien, besonders in Silikaten mit hohem Aluminiumgehalt. Chem. et Ind. 29, Sondernummer (1933) 211.

67 — Über gravimetrische und polarographische Gesamtalkaliwerte. Z. anal. Chem. 92 (1933) 401.

68 KEMULA, W. und M. MICHALSKI: Die Elektrolyse wässeriger Lösungen von Berylliumsalzen. Collection of Czechoslovak Chemical Communications 5 (1933) 436.

69 HERMAN, J.: Die Elektroabscheidung von Gold. Collection of Czechoslovak Chemical Communications 6 (1934) 37.

70 HEYROVSKY, J.: Ein empfindlicher polarographischer Test für die Abwesenheit von Rhenium in Mangansalzen. Nature 135 (1935) 870.

71 HELLER, K., KUHLA, G. und F. MACHEK: Über die Bestimmung von Schwermetallspuren in Mineralwässern. Mikrochem. 18 (1935) 193.

72 ABRESCH, K.: Eine neue elektroanalytische Methode der Alkalibestimmung. Z. angew. Chem. 48 (1935) 683.

b) *Anionen.*

73 SANIGAR, E. B.: Die Elektrolyse einiger komplexer Zyanide. Rec. Trav. chim. Pays-Bas et Belg. (Amsterd.) 44 (1925) 549.

74 DOLEJSEK, V. und J. HEYROVSKY: Das Vorkommen von Rhenium in Mangansalzen. Nature 116 (1925) 782; Bull. Intern. de l'Acad. des Sciences de Bohème 25 (1925) 179.

75 HEYROVSKY, J.: Das Vorkommen von Rhenium in Mangansalzen. Nature 117 (1926) 16.

76 DOLEJSEK, V. und J. HEYROVSKY: Über das Vorkommen von Rhenium in Manganverbindungen. Rec. Trav. chim. Pays-Bas et Belg. (Amsterd.) 46 (1927) 248.

77 KACIRKOVA, V. K.: Die Elektroreduktion von Arsenoxyd in saurer Lösung. Collection of Czechoslovak Chemical Communications 1 (1929) 477.

78 HEYROVSKY, J. und V. NEJEDLY: Die Elektroreduktion von Stickoxyd und die Bestimmung von Nitriten an der Quecksilbertropfkathode. Collection of Czechoslovak Chemical Communications 3 (1931) 126.

79 TOKUOKA, N.: Die Elektroreduktion und Bestimmung von Nitraten und Nitriten. Collection of Czechoslovak Chemical Communications 4 (1932) 144.

80 — und J. RUZICKA: Die Salzwirkung bei der Elektroreduktion von Nitriten. Collection of Czechoslovak Chemical Communications 6 (1934) 339.

81 OSTER, K.: Die gleichzeitige Bestimmung von Jod und Brom durch den Polarographen. Dissertation Köln 1934.

82 RYLICH, A.: Elektroreduktion und Bestimmung von Bromaten und Jodaten. Collection of Czechoslovak Chemical Communications 7 (1935) 288.

83 SCHWAER, L. und K. SUCHY: Die Elektroreduktion von Seleniten und Telluriten. Collection of Czechoslovak Chemical Communications 7 (1935) 25.

c) Gase.

84 GOSMAN, B.: Die Reduktion der schwefeligen Säure. Collection of Czechoslovak Chemical Communications 2 (1930) 185.

85 HEYROVSKY, J. und V. NEJEDIY: Die Elektroreduktion von Stickoxyd und die Bestimmung von Nitriten an der Quecksilbertropfkathode. Chem. News 142 (1931) 193.

86 VITEK, V.: Die polarographische Bestimmung des Sauerstoffs in Gasen und Industriewässern. Chim. et Ind. 29 (1933) Sonder-Nr. 6, 215.

4. Organische Analysen.

87 SHIKATA, M.: Die Elektrolyse von Nitrobenzol an der Quecksilbertropfkathode. Trans. Faraday Soc. 21 (1925) 42.

88 PODROUZEK, W.: Einige organische Basen. Rec. Trav. chim. Pays-Bas et Belg. (Amsterd.) 44 (1925) 591.

89 SHIKATA, M. und I. TACHI: Reduktionspotential von Isovalerianaldehyd Proc. Imp. Acad. Tokyo 2 (1926) 226.

90 — — Reduktionspotential von Isovalerianaldehyd. Mem. Coll. Engng., Kyoto 4 (1927) 9.

91 — — Das Reduktionspential von Pyridin. Mem. Coll. Engng., Kyoto 4 (1927) 19.

92 — — Das Reduktionspotential der Nikotinsäure. Mem. Coll. Engng., Kyoto 4 (1927) 35.

93 HERASYMENKO, P.: Die Reduktionspotentiale der Malein- und Fumarsäure an einer tropfenden Quecksilberkathode. Z. Elektrochem. 34 (1928) 74.

94 — Wasserstoffüberspannung und die Reduktion von Oxalsäure an Quecksilberkathoden. Z. Elektrochem. 34 (1928) 129.

95 SHIKATA, M. und I. TACHI: Die Reduktionspotentiale von Ketogruppen im Zusammenhang mit der Molekularkonstitution. Bull. Agr. Chem. Soc. Japan 4 (1928) 44.

96 SANDERA, K.: Untersuchungen über den Beginn der Zuckerzersetzung. Collection of Czechoslovak Chemical Communications 2 (1930) 363.

97 — und B. ZIMMERMANN: Polarographische Messungen in der Zuckerfabrikationsforschung. Z. Zuckerind. tschech. Rep. 53 (1929) 583.

98 HERASYMENKO, P. und Z. TYVONUK: Über die Bildung von Fumarsäure in geschmolzener Maleinsäure. Collection of Czechoslovak Chemical Communications 2 (1930) 77.

99 SMOLER, I.: Die Elektroreduktion von Azetaldehyd. Collection of Czechoslovak Chemical Communications 2 (1930) 699; Chem. News 142 (1930) 97.

100 GOSMAN, B.: Analysen von Rohölen, Destillaten und Rückständen mittels der Quecksilbertropfkathode. Amer. Petroleum Institute Bull. 10/55 (1929) 24; 11/53 (1930) 22.

101 SHIKATA, M. und I. TACHI: Reduktionspotentiale von Monoketonen. Mem. Coll. Engng., Kyoto 8 (1930) No. 1.

102 — — Reduktionspotentiale von Polyketonen. Mem. Coll. Engng., Kyoto 8 (1930) No. 2.

103 GOSMAN, B. und J. HEYROVSKY: Untersuchung von Petroleum und seiner Destillate auf reduzierbare und absorbierbare Substanzen mittels der Quecksilbertropfkathode. Transact. of the Electrochem. Soc. 59 (1931) 249.

104 SHIKATA, M. und J. HOZAKI: Reduktionspotentiale von Dinitrobenzolen. Mem. Coll. Engng., Kyoto 17 (1931) No. 1.

105 — — Reduktionspotentiale von Dinitrophenolen. Mem. Coll. Engng., Kyoto 17 (1931) No. 2.

106 TACHI, I.: Das Reduktionspotential von Allylalkohol und sein katalytisches Verhalten bei der Elektroreduktion. Mem. Coll. Engng., Kyoto 17 (1931) No. 3.

107 SHIKATA, M. und I. TACHI: Reduktionspotential von Azobenzol. Mem. Coll. Engng., Kyoto 17 (1931) No. 4.

108 HEYROVSKY, J. und I. SMOLER: Die Elektroreduktion und Bestimmung von Fruktose und Sorbose. Collection of Czechoslovak Chemical Communications 4 (1932) 521.

109 SEMERANO, G.: Die Reduktion des Azetons. Gazz. chim. Italiana 62 (1932) 959.

110 — und G. DE PONTE: Die Reduktion des Benzaldehyds. Gazz. chim. Italiana 62 (1932) 991.

111 — Die Reduktion des Nikotins. Giorn. Chim. Industr. e applicata 14 (1932) 608.

112 BRDICKA, R.: Aktivierung des Wasserstoffs der Sulfhydridgruppe einiger Thiosäuren in Kobaltsalzlösungen. Collection of Czechoslovak Chemical Communications 5 (1933) 148.

113 TOKUOKA, M. und J. RUZICKA: Polarographische Untersuchung über die Humussäure, Himatopelansäure und Torf mittels der tropfenden Quecksilberkathode. Z. Pflanzenernähr. Düng. Bodenkunde Abt. A 35 (1934) 79.

114 SEMERANO, G. und A. CHISINI: Der Einfluß, der von Substituenten im Benzolkern auf die Energie der Reduktion des Benzaldehyds ausgeübt wird. Gazz. chim. Italiana 63 (1933) 802.

115 SHIKATA, M. und I. TACHI: Reduktionspotential von p-Aminoazobenzol. Bull. agricult. chem. Soc. Japan 8 (1932) 154.

116 TACHI, I.: Reduktionspotential von Dimethylaminoazobenzol. Bull. agricult. chem. Soc. Japan 8 (1932) 155.

117 — Nochmals über die Elektroreduktion des Kampfers. Bull. agricult. chem. Soc. Japan 10 (1934) 62.

118 PECH, G.: Die Reduktion einiger aliphatischer Ammine, von Chinolin und Saccharin. Collection of Czechoslovak Chemical Communications 6 (1934) 126.

119 — Die Elektroreduktion einiger Alkaloide. Collection of Czechoslovak Chemical Communications 6 (1934) 190.

120 SCHWAER, L.: Die Elektroreduktion einiger ungesättigter Säuren. Coll. of Czechoslovak Chemical Communications 7 (1935) 326.

121 JAHODA, F. G.: Polarographische Untersuchung wäßriger Formaldehydlösungen. Casopis cechoslov. Lekarnictva 14 (1934) 225.

122 WINKEL und PROSKE: Elektrolytische Reduktion organischer Verbindungen mit der tropfenden Quecksilberelektrode. Ber. 69 (1936) 693.

5. Biologie, Medizin, Physiologie und verwandte Gebiete.

123 PRAT, S.: Die Anwendung der polarographischen Methode in der Biologie. Biochem. Z. 175 (1926) 268.

124 SHIKATA, M. und K. SHOJI: Anwendung der polarographischen Methode in der Mikroanalyse von reduzierbaren Fermentationsprodukten. Mem. Coll. Engng., Kyoto 4 (1927) 75.

125 PRAT, S.: Die polarographische Methode. Handb. biolog. Arbeitsmeth. (Abderhalden) Abt. 3 Tl. A/7 (1928) 1413.

126 — Die Resorption von Blei in Pflanzen. Bull. Soc. Chim. Botan. Tchécoslovaque 6 (1928) 72.

127 HEYROVSKY, J. und J. BABICKA: Der Effekt der Albumine. Collection of Czechoslovak Chemical Communications 2 (1930) 370; Chem. News 141 (1930) 369 und 385.

128 SHOJI, K.: Polarographische Studien über Gärungsprodukte. Bull. Inst. physical chem. Res. 9 (1930) 9.

129 — Aschenanalyse mit dem Polarographen. Bull. Inst. physical chem. Res. 10 (1931) 162.

130 GAWALOWSKI, K.: Experimentalstudie über Lymphe. Miscellanea Dermatologa, Prag (1931) 457.

131 PETRACEK, E.: Lymphe und Hautkrankheiten. Comptes rendus, VIII congrès internat. de dermatologie, Copenhague (1930) 813.

132 SHOJI, K. und M. ONUKI: Polarographische Studien an Fermentationsprodukten. Bull. Inst. physical chem. Res. 11 (1932) 277.

133 BRDICKA, R.: Neuer Nachweis für Proteine bei Gegenwart von Kobaltsalzen in ammoniakalischen Lösungen von Ammonchlorid. Collection of Czechoslovak Chemical Communications 5 (1933) 112.

134 — Cystin und Cystein in Proteinhydrolysaten. Collection of Czechoslovak Chemical Communications 5 (1933) 238.

135 SCHWAER, L.: Polarographische Reinheitsprüfung einiger Präparate. Casopis ceskoslov. Lekarnictva 8 (1933) 213.

136 MANDAI, H.: Anwendung der polarographischen Methode in der Medizin. Acta Scholae med. Kyoto 14 (1932).
　　　1. Der Einfluß von Albuminkolloiden auf das Abscheidungspotential der Metalle, 163.
　　　2. Mikroanalyse von Kupfer, 167.

137 HEYROVSKY, J., SMOLER, I. und J. STASNY: Polarographische Untersuchungen der Gärungsprodukte. Věstn. českoslov. Akad. zeměd. (tschech.) 9 (1934) 599.

138 BRDICKA, R.: Die Mikrobestimmung von Cystein in Hydrolysaten von Proteinen und der Verlauf der Proteinzersetzung. Collection of Czechoslovak Chemical Communications 5 (1933) 238.

139 HAMAMOTO, E.: Der Einfluß einiger Alkaloide auf das Strommaximum der Elektroreduktion von Sauerstoff. Collection of Czechoslovak Chemical Communications 5 (1933) 427.

140 BRDICKA, R.: Polarographische Bestimmung von Cystin und Cystein in Hydrolysaten von einigen Proteinen. Mikrochem. 15 (1934) 167.

141 HEYROVSKY, J.: Anwendung der polarographischen Analyse in der Pharmazie. Cas. ceskoslov. Lekarnictva 14 (1934) 285.

142 HAMAMOTO, E.: Mikrobestimmung von Mangan in biologischen Materialien. Collection of Czechoslovak Chemical Communications 6 (1934) 325.

143 HEYROVSKY, J.: Anwendung der polarographischen Analyse in der Pharmazie. Cas. cechoslov. Lekarnictva 14 (1934) 285.

144 BABICKA, J.: Polarographische Prüfung von Pflanzenextrakten mittels der tropfenden Quecksilberelektrode. Bull. intern. de l'Academie des Sciences de Bohème (1932).

145 KORINEK, J. und J. BABICKA: Polarographische Analysen der Mikrobenkulturflüssigkeiten. Zbl. Bakter. II Abt. 89 (1934) 497.

146 TEISINGER, J.: Biochemische Reaktionen von Blei im Blute. Biochem. Z. 277 (1935) 178.

147 SLADEK, J. und M. LIPSCHÜTZ: Spezifische Effekte einiger Aminosäuren. Collection of Czechoslovak Chemical Communications 6 (1934) 487.

6. Kolloidchemie.

148 RASCH, J.: Der Einfluß von Fettsäuren auf das Strommaximum bei der Reduktion von atmosphärischem Sauerstoff an der Quecksilbertropfkathode. Bull. intern. de l'Académie des Sc. de Bohème 30 (1929) 306; Collection of Czechoslovak Chemical Communications 1 (1929) 560.

149 SCHRAGER, B.: Das amphotere Eisenhydroxyd. Chem. News 138 (1929) 354.

150 HEYROVSKY, J. und M. DILLINGER: Positive und negative Maxima an Stromspannungskurven. Collection of Czechoslovak Chemical Communications 2 (1930) 626.

151 SHIKATA, M. und N. HOSAKI: Das Verhalten von Kolloiden an einer Elektrode. Chem. News 140 (1930) 55.

152 VARASOVA, E.: Eine Untersuchung von Seifenlösungen. Collection of Czechoslovak Chemical Communications 3 (1931) 216.

153 RAYMAN, B.: Der Effekt von organischen Farben auf das Maximum der Reduktion des Sauerstoffs. Collection of Czechoslovak Chemical Communications 3 (1931) 300.

154 PROCHAZKA, R.: Untersuchung der Koagulation im Wasser. Chem. Listy; Chim. et Ind. 29, Sondernummer 6 (1933) 281.

7. Beiträge zur Technik der polarographischen Analyse.

155 HERASYMENKO, P.: Beeinflussung der Überspannung des Wasserstoffs durch die Konzentration der Wasserstoffionen. Rec. Trav. chim. Pays-Bas et Belg. (Amsterd.) 44 (1925) 503.

156 GOSMAN, B. A.: Der Einfluß von Anionen. Rec. Trav. chim. Pays-Bas 44 (1925) 600.

157 NEJEDLY, V.: Der Temperatureinfluß. Collection of Czechoslovak Chemical Communications 1 (1929) 319.

158 VARASOVA, E.: Strommaxima bei der Elektroreduktion von Sauerstoff in Lösungen starker Elektrolyte. Collection of Czechoslovak Chemical Communications 2 (1930) 8.

159 SLENDYK, I.: Grenzströme der Elektroabscheidung von Metallen und von Wasserstoff. Collection of Czechoslovak Chemical Communications 3 (1931) 385.

160 HERASYMENKO, P.: Über die Technik polarographischer Messungen. Trans. Faraday Soc. 27 (1932) 203.

161 ILKOVIC, D. und G. SEMERANO: Gesteigerte Empfindlichkeit bei Mikroanalysen durch eine Stromkompensation. Collection of Czechoslovak Chemical Communications 4 (1932) 176.

162 — Die Entwicklung von Wasserstoff in neutralen und alkalischen Lösungen. Collection of Czechoslovak Chemical Communications 4 (1932) 480.

163 SEMERANO, G.: Die Bestimmung der Zersetzungsspannung. Gazz. chim. Italiana 62 (1932) 518.

164 CAMBI, L. und G. DEVOTO: Der Einfluß einiger organischer Substanzen auf die Niederschlagung des Zinks. Rend. Accad. Lincei. 15/6/1 (1932) 27.

165 DEVOTO, G. und A. RATTI: Der Einfluß einiger organischer Substanzen auf die Abscheidung von Metallionen an der Quecksilbertropfkathode. Gazz. chim. Italia 62 (1932) 887.

166 HEYROVSKY, J.: Über die Grenzströme bei der Elektrolyse mit der Quecksilbertropfkathode. Arh. Hemiju Farmaciju 8 (1934) 11.

167 REVENDA, J.: Anodische Polarisation und der Einfluß von Anionen. Collection of Czechoslovak Chemical Communications 6 (1934) 453.

168 HEYROVSKY, J. und D. ILKOVIC: Die absolute Bestimmung von Reduktions- und Depolarisationspotenialen. Collection of Czechoslovak Chemical Communications 7 (1935) 198.

169 MAJER, V.: Mikropolarographische Untersuchungen, Apparatur und Technik. Mikrochem. 18 (1935) 74.

170 ILKOVIC, D.: Die Abhängigkeit der Grenzströme von der Diffusionskonstante, der Tropfgeschwindigkeit und der Tropfengröße. Collection of Czechoslovak Chemical Communications 6 (1934) 498.

171 MAJER, V.: Polarimetrische Titrationen. Z. Elektrochem. 42 (1936) 120.

172 — Polarimetrische Füllungstitrationen mit tropfender Quecksilberkathode. Z. Elektrochem. 42 (1936) 123.

173 HEYROVSKY, J. und D. ILKOVICH: Die Bedeutung der aus den Stromspannungskurven bei der Elektrolyse mit der Quecksilbertropfkathode abgeleiteten Depolarisationspotentiale. Chem. Listy Vedu Prumysl 29 (1935) 234.

174 MAJER, V.: Stromspannungskurven bei kleinen Anoden. Collection of Czechoslovak Chemical Communications 7 (1935) 146.

175 — Die Passivierung kleiner Quecksilberanoden. Collection of Czechoslovak Chemical Communications 7 (1935) 215.

176 SEMERANO, G. und T. ZICCARDI: Die Diffusionsstromstärke in ihrer Beziehung zur Größe und Erneuerungsperiode der Kathodenoberfläche. Gazz. chim. Italiana 65 (1935) 289.

8. Nicht auf Polarographie bezügliche, im Text zitierte Arbeiten.

177 EUCKEN, A.: Z. physik. Chem. 59 (1907) 72; Z. Elektrochem. 38 (1932) 341.

178 HOHN, H. und E. LANGE: Über Phasengrenzenenergien in Phasensystemen aus reinen elektroneutralen Phasen. Physik. Z. 36 (1935) 603.

179 MÜLLER: Ann. Physik, 5. Folge, Bd. 1 (1929) 613; Z. Instrumentenkde. 2 (1931) 95.

180 OSTWALD-LUTHER: Physikochemische Messungen, 5. Aufl., S. 193.

181 FRUMKIN, A. und B. BRUNS: Über Maxima der Polarisationskurven von Quecksilberkathoden. Acta physikochim. U.R.S.S. 1 (1934) 232.

Anhang.

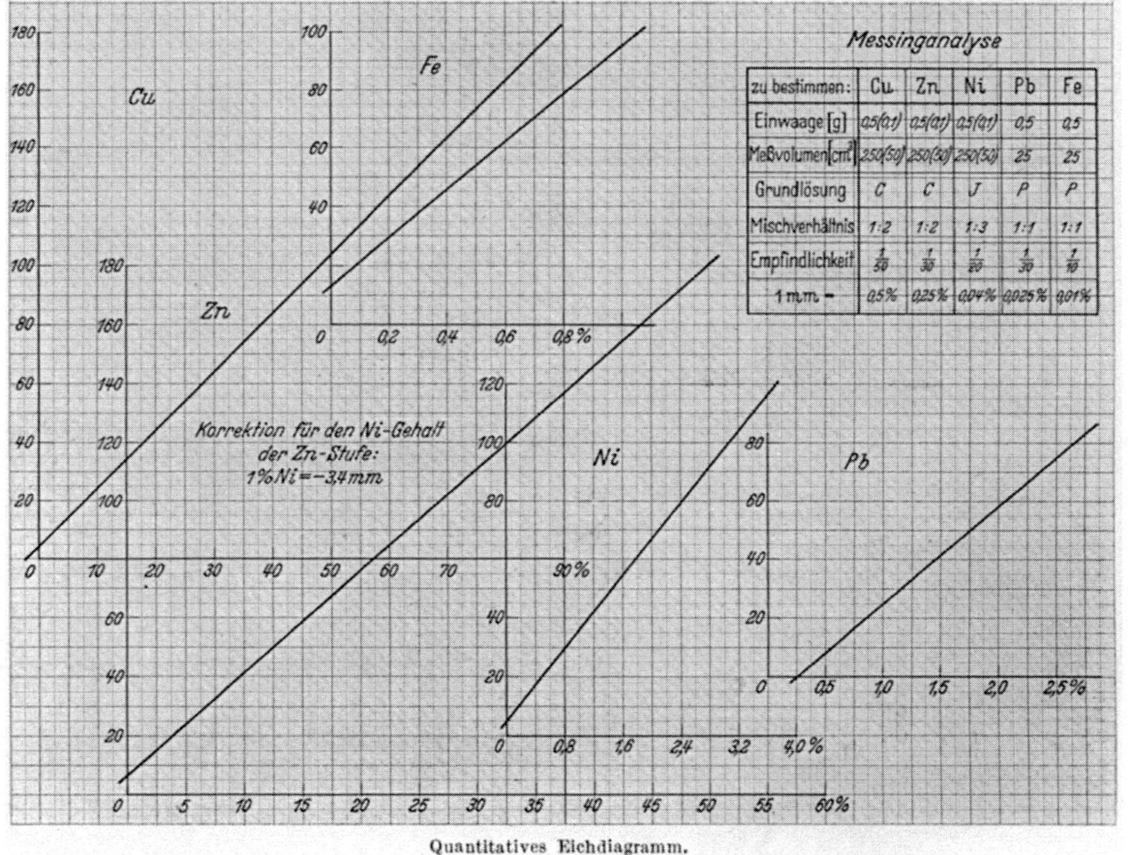

zu bestimmen:	Cu	Zn	Ni	Pb	Fe
Einwaage [g]	0,5(0,1)	0,5(0,1)	0,5(0,1)	0,5	0,5
Meßvolumen [cm³]	250(50)	250(50)	250(50)	25	25
Grundlösung	C	C	J	P	P
Mischverhältnis	1:2	1:2	1:3	1:1	1:1
Empfindlichkeit	$\frac{1}{50}$	$\frac{1}{30}$	$\frac{1}{20}$	$\frac{1}{30}$	$\frac{1}{10}$
1 mm =	0,5%	0,25%	0,04%	0,025%	0,01%

Quantitatives Eichdiagramm.

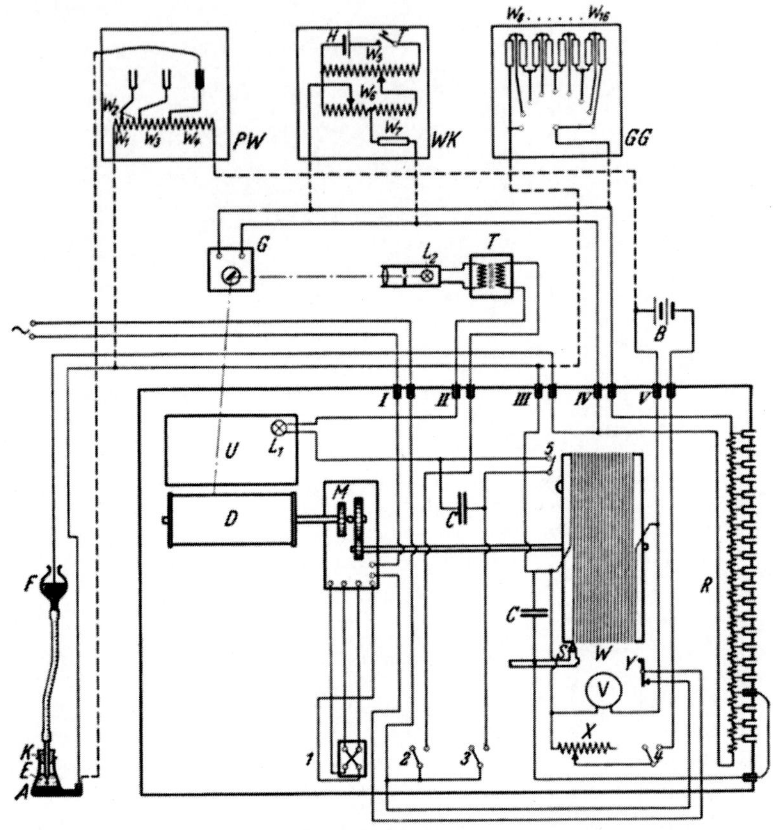

Schaltschema der Polarographen-Apparatur.

A Quecksilberanode	V Voltmeter f. d. Meßspan-	R Empfindlichkeitsumschalter
E Elektrolyt	nung	Y Automatische Abschaltung
K Tropfkathode	X Regulierwiderstand für	L_1 Abszissenlampe
F Quecksilbervorratsgefäß	die Meßspannung	L_2 Galvanometerlampe
M Motor	U Verdunkelungskasten	T Transformator zur Speisung
W Potentiometerwalze	D Photowalze	der Galvanometerlampe
C Kondensatoren	G Galvanometer	B Akkumulator
S Abgreifrädchen		

I Netzanschluß	1 Einschaltung des Motors
II Anschluß des Transformators	2 Einschaltung der Galvanometerl.
III Anschluß des Elektrolysensystems	3 Einschaltung der Abszissenlampe
IV Galvanometeranschluß	4 Einschaltung der Meßspannung
V Anschluß der Meßspannung	5 Kontakttaste d. f. Abszissenlampe

Zusatzgeräte:

PW Polungswender	W_1 0,8 Ω	
(Die Anode ist beim Arbeiten	W_2 1,6 Ω	
mit dem Polungswender an dieses	W_3 8,0 Ω	
Gerät, nicht an den Polarogra-		
phen angeschlossen!)		
WK Wellenkompensator	W_5 2000 Ω	T Ausschalter
	W_6 500 Ω	H Hilfsbatterie
	W_7 0,5 Meg Ω	
GG Gegenstromgerät	$W_8 \ldots W_{16}$ 0,5—10 Meg Ω	

Druck von Julius Beltz in Langensalza.

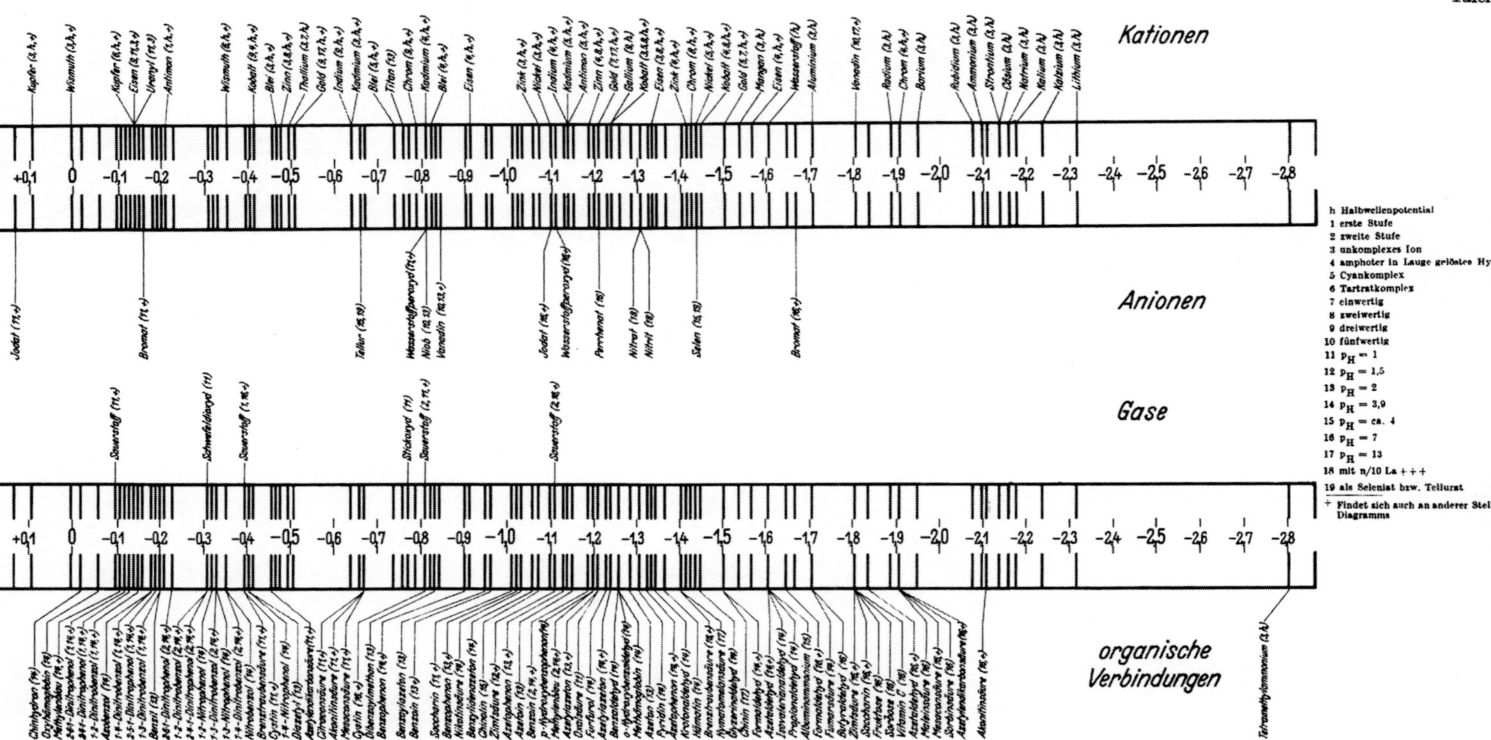

Die in der Literatur angegebenen polarographischen Reduktionspotentiale.